EXPLORATION AND PRACTICE OF SMART
CITY PERCEPTION NETWORK SYSTEM

智慧城市
感知网络体系
探索与实践

陈晓宁　孙志超　许鹏坤　蒋昆　彭珂珂 ◎ 编著

深圳市信息基础设施投资发展有限公司
深圳市城市规划设计研究院有限公司 ◎ 组织编写

U0376491

中国建筑工业出版社

图书在版编目（CIP）数据

智慧城市感知网络体系探索与实践 = Exploration
and Practice of Smart City Perception Network
System / 陈晓宁等编著；深圳市信息基础设施投资发展
有限公司，深圳市城市规划设计研究院有限公司组织编写
．—北京：中国建筑工业出版社，2022.9
ISBN 978-7-112-28054-4

Ⅰ．①智… Ⅱ．①陈… ②深… ③深… Ⅲ．①现代化
城市—城市网络—研究 Ⅳ．①TU984

中国版本图书馆CIP数据核字（2022）第200348号

本书由深信投、深规院、华为、广东电信设计院四大行业内领跑企业联袂编写，汇聚了数十位行业知名专家学者及一线管理、技术人员的思想结晶，前瞻洞察了智慧城市物联感知的时代趋势，深度解构了感知网络体系的关键技术，全面总结了以多功能智能杆为载体构建智慧城市感知网络体系的先行示范经验。本书适合城市规划及信息化领域主管部门、城市新型基础设施建设运营单位及信息通信技术企业的管理、技术人员等参考使用，也可供高等院校城市规划管理、信息通信等相关专业人员学习参考。同时，也适合对智慧城市感知网络体系发展感兴趣的相关人员阅读。

责任编辑：朱晓瑜　王华月
书籍设计：锋尚设计
责任校对：芦欣甜

智慧城市感知网络体系探索与实践
EXPLORATION AND PRACTICE OF SMART CITY PERCEPTION NETWORK SYSTEM

陈晓宁　孙志超　许鹏坤　蒋昆　彭珂珂　编著
深圳市信息基础设施投资发展有限公司
深圳市城市规划设计研究院有限公司　组织编写
*
中国建筑工业出版社出版、发行（北京海淀三里河路9号）
各地新华书店、建筑书店经销
北京锋尚制版有限公司制版
北京中科印刷有限公司印刷
*
开本：787毫米×1092毫米　1/16　印张：13½　字数：282千字
2022年12月第一版　　2022年12月第一次印刷
定价：55.00元
ISBN 978-7-112-28054-4
　　（40159）

本书编委会

序一

智慧城市（Smart City）的概念是在世博会的总规划师办公室里与IBM公司碰撞出来的，IBM的"智慧星球"（Smart Planet）概念与世博会"城市让生活更美好"（Better City，Better Life）的主题，融合成了"智慧城市"（Smart City）。我们在2007～2008年做了一系列原型架构，至今"智慧城市"概念与实践已经发展了15年。

在当下建设智慧城市的热潮下，"智慧城市"的原型架构和理论模式、多种推进路线模式比较与评价、建设动力机制的效果、评价体系的可信度与指导意义、建设后的百姓感知与产业经济受惠程度，这五个尺度都有大量值得反思的内容，以去除那些实践证明是虚的、伪的、浪费的和不切实际需求的内容，增加人民需要的、实践管用的、效率提升的、动力聚合的和可以持续发展的内容。

"智慧城市"推进路线上有三种路径模式：第一种模式是由技术供给方构成的，我们把它称为T模式（Technology Mode）；第二种模式是在城市竞争中，城市或园区为了在这一波城市的智能化发展中不落伍，以展示厅形式推进，并没有落实到城市的真实运行系统中的形式主义模式，我们把它称为E模式（Exhibition Mode）；第三种模式是以城市的痛点、人民的需求、问题的解决为导向的，我们把它称为D模式（Demand Mode）。我们所主张的是D模式（Demand Mode）为主导的复合模式：智慧城市的建设必须回归到城市主体的需求上，主体需求应该包括人民生活中亟需解决的问题；城市科技和经济创新中迫切需要解决的创新生态问题；政府治理现代化过程中所需要克服的精细化、精准化和高效运行的问题，以及城市在区域中的智能协同发展问题，对于大城市来说还有更大层面的国际经济、文化、科技、合作、交流的智能化问题。智慧城市的项目有效性评价，应该回归到D模式的初心，不仅是技术的指标，更加应该导入人民的感受，考虑生活品质的提升、创新活力的增加、青年人才的集聚，政府现代治理能力的精细化，从而使治理品质得到明显提升。

然而，城市并不是一下子就"智慧"起来，城市也需要不断学习、不断感知，才会变得越来越聪明，这是"智慧城市"的第一阶段。很高兴看到，晓宁牵头组织，深圳市信息基础设施投资发展有限公司联合深圳市城市规划设计研究院、华为技术有限公司、广东省电信规划设计院编著的这本《智慧城市感知网络体系探索与实践》，从城市的高度重新认知和定义了感知网络体系的内涵，论述了感知网络体系和城市建设的有机联系，对感知网络体系等新型信息基础设施的空间规划理念、方法和标准给予了明确指引，填补了当前城市规划界相关技术空白，率先迈出了规划编制方法探索的重要一步，提供了如何在建设实践中落实规划的开创性案例，也是对于深圳智慧城市建设经验的总结提炼与推广分享。对于包括城市规划工作者在内的整个智慧城市建设领域的参与者来说，都具有极高的指导意义和学习价值。

　　我也衷心祝愿，深圳市信息基础设施投资发展有限公司以此书出版为新的起点和契机，广泛吸引智慧城市产业链上下游合作伙伴，共谋共创、探路开路，实现智慧城市场景应用的商业闭环，为全人类的智慧城市建设贡献更创新、更落地的成果。

吴志强

中国工程院院士

德国国家工程科学院院士

瑞典皇家工程科学院院士

2022年12月

序二

随着5G、人工智能、大数据、云计算、区块链等技术的日益成熟和普及，数字化正以不可逆转之势深刻改变着人类社会。

近年来，随着国家对新基建的战略部署和快速推进，交通、电力、油气、水利等关系国计民生的基础行业围绕数字转型、智能升级、融合创新开展了新一轮的产业升级。与此同时，智慧城市建设已经成为全球的共识，城市发展与科技发展的交织正史无前例地加以扩大。

国家"十四五"规划提出要坚持以人为本，服务人民，提高城市规划建设与精细化治理水平，打造宜居、安全、韧性的智慧型城市。这就需要发挥"算力、联接、感知"等新兴ICT技术优势，加大对城市基础设施的数字化、网络化、智能化的建设与改造，构建智慧城市的泛在、实时感知及交互能力，更好地服务于我们城市的精细化运营与管理，支撑国家经济、社会转型发展。

不论是国家重点行业的新一轮数字化升级，还是智慧城市的新阶段建设发展，都离不开与ICT技术的深度融合与运用。"将算力、联接、感知推向外场，构建开放、智能的城市感知网络体系！"这既是智慧城市下一阶段发展的核心，也是华为公司成立数字站点军团的初衷。

业界在新型基础设施建设领域和智慧城市领域都有各自的探索和实践，但是鲜有对两个领域体系化融合的思考。本书把多功能智能杆的规划和建设部署拔高到智慧城市的高度，通过构建"城市感知网络体系"来进行全局统筹和系统性规划，并提出以多功能智能杆为载体进行实施落地。这些探索为城市感知交互能力的提升及新型智慧城市的建设提供了路径参考。

从时机上来说，本书对于城市感知网络体系的探索恰逢其时。结合国内智慧城市的发展现状，我们欣喜地看到了两个变化：城市基础设施从分散建设逐步转向集约建设，围绕城市基础设施统一规划、统筹建设的政策和落地标准相继出台；以城投/城建公司为代表的城市运营主体逐步明确。有了政策和运营主体的基础，体系化地构建城市感知网络就有了坚实的保障。

构建智慧城市感知网络体系的首要工作是做好顶层架构设计。除了规划和建设上的"统筹"，架构和标准上的"统一"是顶层设计的核心原则。从过去智慧城市的建设经验来看，城市感知基础设施只有统一架构、统一标准、智能开放，才能向下支持各种各样感知设备的接入及数据回传，向上支撑政府组织及产业生态的持续性业务创新。即以确定性的基础设施架构设计，应对下层终端和上层应用这两端的不确定性，并支撑城市感知网络体系持续迭代演进。

城市感知网络体系的实现不是一蹴而就的，既要考虑不同领域新兴技术的成熟度，也要考虑城市发展与基础设施的准备度。从技术架构出发，本书聚焦"感知、网络、数据、安全"四个最重要的领域进行了分析和解构；从建设实施出发，本书围绕多功能智能杆这一载体，探索了各种技术的汇聚运用和场景的创新，并赋予了其新的定位和意义。其实业界对于网络传输、数据平台以及安全防护的重要性有着充分的认知和丰富的实践，这些能力是我们构建一个城市级体系非常关键的基础支撑能力，而"城市感知"则是更具有创新潜力和发展潜质的新领域，这里谈一谈我们的思考。

城市感知交互是智慧城市下一阶段需要重点完善增强的能力。首先，从近年来国内智慧城市建设发展来看，逐步呈现出三个趋势：智慧城市基础设施建设重心从"中心/平台/大脑"扩展到"边端基础设施"的补齐和完善，城市的智慧化体验受众从政府管理领域走向市民生活和企业生产领域，以及智慧应用的升级所需要的数据源从"静态""单领域"走向"动态实时"和"全域数据"。这些变化都对城市感知基础设施的建设提出了诉求。

其次，物联感知技术及感知终端侧未来会朝三个方向演变：第一个是让"单机设备"联网，解决一源多用问题。比如传统的PLC类感知设备，或基于单一终端、单一业务应用系统的感知设备都属于"哑终端"，状态不可知，数据不可见。需要进行鸿蒙化改造，即通过统一的物联网操作系统接入城市感知网络中来，让"哑终端"变成一个数字化的设备，让数据会说话。第二个是从单一感知到融合感知。类似于人的大脑通过视觉、听觉、触觉等对一个事务进行融合判断，越来越多的城市应用场景需要通过多传感手段融合或拟合的方式来满足新场景需求或达到更好的效果。比如：城市路口综合监测、车路协同、周界安防及边海防等等。第三个是从单向感知信息获取到信息本地处理及交互。通过引入边缘计算将计算和分析能力推向边端侧，实现信息的本地处理，并通过引入人工智能等技术，在感知反馈机制上形成全新的"自闭环"模式。比如，城市道路侧违停，不仅可以通过路侧杆上摄像头抓拍及后台监测，还可以与广播联动进行提醒，实现违规事件的及时处置等。类似的应用场景还有很多。

随着智慧城市的演进发展，不断涌现的新需求与新兴感知技术及城市感知网络体系的碰撞，必将激发出更多的创新火花。在这个过程中，既需要国家、政府部门及城市规划设计单位高瞻远瞩的统筹和规划，也需要城市运营商的积极探索和实践，同时需要全行业的

ICT技术及解决方案提供商以及广大感知应用领域行业伙伴携手合作，围绕城市基础设施建设及智慧化应用场景不断进行技术创新，打造领先的产品和解决方案，共同构建智慧城市感知网络体系。

关于城市的发展，任何假设可能都是保守的，预测未来最好的方式就是创造未来！华为非常荣幸参与本书的联合编著，围绕城市感知网络体系的探索之路才刚刚开始，我们呼吁全社会共同努力，携手迈进智慧城市发展的新时代！

何　霁

华为数字站点军团CEO

2022年12月

序三

习近平总书记在党的二十大报告中指出，我们要提高城市规划、建设、治理水平，加快转变超大特大城市发展方式，加强基础设施建设，打造宜居、韧性、智慧城市。要完善网格化管理、精细化服务、信息化支撑的基层治理平台，加快推进市域社会治理现代化。以多功能智能杆为重要载体的城市感知网络体系属于新型基础设施范畴，是智慧城市的数字底座，可使能各类智慧化应用场景，提升城市治理现代化水平，使城市生活更加智慧、宜居。

那么城市该如何经营感知网络体系这类型的新型基础设施呢？我认为可以通过三个方面的创新，走出一条不同于传统的基础设施经营之路。

一是顶层制度设计创新。政府在经营城市基础设施时必须注重塑造和提升城市功能，明确哪些是可以由市场来运作的，哪些是市场无能为力，必须由政府主导的。深圳市在多功能智能杆顶层制度设计方面，创造了多个全国第一，成立了第一个多功能智能杆运营主体，出台了第一个多功能智能杆基础设施管理办法，制定了第一个运维服务费参考标准，推出了第一个信息通信基础设施专项规划。这些顶层设计为探索市场化经营模式提供了有力支撑。

二是投融资模式创新。随着我国新型城镇化进程的推进，引入市场投资机制，吸引多元投资主体参与，创新新基建投融资模式将是必然趋势。而要推动新基建投融资模式创新，关键是要厘清政府与市场的投资界面。仅依靠政府的力量推动感知网络体系建设，会给政府带来较大的财政压力，也不利于形成可持续的运营模式和商业闭环。目前，深圳市正在积极探索多元化的新基建投融资模式，以深圳市信息基础设施投资发展有限公司（简称"深信投"）为代表的地方政府投融资平台已在PPP模式、国企投资政府提供资源平衡、特许经营等新模式进行了大胆尝试：通过市区两级政府投资为主、国资平台公司及其他社会主体投资为辅的方式，推进多功能智能杆等信息基础设施建设，设施建成后由专业运营主体统一运营、统一维护。在实现设施规模化部署的基础上，由运营主体拓展市场化应用场景，吸引政府及其他市场主体共建共用，通过购买服务的方式形成商业闭环，提升城市数字化治理能力。

三是应用场景实践创新。当前城市感知网络体系发展面临的最大问题还是缺少"杀手级应用"，未来一旦出现此类"杀手级应用"，将加速驱动感知网络体系建设。比如，深信投打造的龙岗区万科城社区5G网格员项目就首创了社区"5G网格员"的基层治理新模式。在多功能智能杆搭载视频AI识别、声源监测定位、事件网格化处理引擎、5G网络MEC边缘云等技术应用，有效提升了社区网格治理的工作效率。未来还可在此基础上融合叠加商超、校区等TOC端场景管理功能，提升社区治理效能。

　　深信投牵头华为技术有限公司、深圳市城市规划设计研究院、广东省电信规划设计院等业界精英，利用各自领域的实践经验和研究成果，合作完成了《智慧城市感知网络体系探索与实践》一书，这部兼具专业性和可读性的饕餮盛宴，值得政府行业主管部门、研究机构、城投公司、产业协会以及关注城市感知网络体系的大众读者反复品味。

　　期待编者团队今后进一步发挥研究专长，持续创新，不断总结，为加强城市新型基础设施建设贡献新的智慧和力量！

陈晓芳

教授　博士生导师
武汉理工大学管理学院院长
武汉理工大学数字治理与管理决策创新研究院院长
中国人民政治协商会议湖北省第十二届委员会委员

前言

习近平总书记指出"人民对美好生活的向往，就是我们的奋斗目标"，并要求深圳"要注重在科学化、精细化、智能化上下功夫，发挥深圳信息产业发展优势，推动城市管理手段、管理模式、管理理念创新，让城市运转更聪明、更智慧"。深圳市切实落实以先行示范标准推进智慧城市和数字政府建设，目标建成数字孪生城市和鹏城自进化智能体，通过数字化、智能化提升城市运行效能，不断破解城市治理中的实际问题，不断提升城市治理水平和人民生活幸福感。

随着大数据、物联网等新一代信息技术被广泛应用，我国城市的智慧化转型发展已具备有利条件和技术支撑，国内城市已开始探索构建集感知、分析、管理、指挥于一体的数字孪生城市空间底座和泛在的城市感知网络体系。2019年9月，深圳市政府出台政策文件明确了深圳市基础设施投资平台公司——深圳市特区建设发展集团有限公司（以下简称"特区建发集团"）作为运营主体负责全市多功能智能杆及配套资源的统一运营、统一维护。作为特区建发集团旗下专业从事信息基础设施投资运营的全资子公司，深圳市信息基础设施投资发展有限公司怀揣着"感知万物，智慧互联，让城市生活更美好"的理想和使命，投身感知网络体系建设实践。在实践过程中，多功能智能杆在城市中的功能不断更新，从"多杆合一"的物理整合迭代为承担社会治理职能的"感知载体"，随着深圳市提出全域感知、全网协同和全场景智慧的更高目标，我们认识到多功能智能杆已成为全域感知网络和物联感知平台的重要组成部分，我们开始思考如何将多功能智能杆再度升级，成为智慧城市的"数字站点"，并由此展开了相关探索和创新。

三年来，我们与华为等产业生态伙伴共同成长，联手打造了天工开物的联创实验室，孵化出路缘侧空间管理业务场景，打造了多个智慧城市感知网络数字站点解决方案。2021年12月，我们联合深圳市城市规划设计研究院有限公司、华为技术有限公司、广东省电信规划设计院有限公司等行业领跑企业开始对"如何以多功能智能杆为主要载体构建感知网络体系"这一命题进行深入研究，经过十数次的线下研讨和思想碰撞，我们将近年来的实践经验、技术成果与思考感悟凝聚成了《智慧城市感知网络体系探索与实践》一书。

缘起篇从智慧城市提出的感知需求讲起，基于业内观点调研，率先明确提出城市感知网络体系的概念和部署要求，详细介绍了多功能智能杆的优势特点和角色作用，提出多功能智能杆作为构建城市感知网络的最佳载体这一命题。

技术篇通过"城市的感知觉""敏捷灵活的感知网络""开放共享的感知平台""全要素安全"四个章节，分别从感知、网络、数据、安全四个维度搭建起智慧城市感知网络体系的技术架构，勾勒出一幅在新一轮信息技术革命下融合感知、敏捷灵活、开放共享的感知网络科技图景，探讨了将多功能智能杆升级成为城市"数字站点"的路径和方案设想，从点到面形成感知网络体系的可落地方案。

实践篇从实践奋斗者的视角，全方位展示了深圳市作为先行示范区在感知网络体系实践中的探索历程：从创新统一运营、统一维护的顶层设计，到探索可持续发展的新基建运营之道，从尝试以需求导向、动态灵活、全面系统为特征的实施方法，再到集成一体化、数字化产品，智能升级打造智慧城市数字底座，将智慧城市感知网络体系前沿领域的实践经验和深刻思考通过充实生动的案例向读者娓娓道来。

展望篇立足对智慧城市感知网络体系理念创新和面临挑战的思辨，创新性提出多方协同共创感知网络体系的愿景，展望了感知网络体系未来的发展与价值，呼吁联合产业，共同构筑智慧城市感知网络体系，为智慧城市建设添砖加瓦。

本书汇聚了数十位行业知名专家学者及一线管理、技术人员的思想结晶，适合城市规划及信息化领域主管部门、城市新型基础设施建设运营单位及信息通信技术企业的管理、技术人员等参考使用，也可供高等院校城市规划管理、信息通信等相关专业人员学习参考。同时，也适合对智慧城市感知网络体系发展感兴趣的相关人员阅读。

希望此书能激起思想和价值的力量，启发和汇聚更多行业生态伙伴携起手来联合创新，共同推进智慧城市感知网络体系落地，让城市运转更聪明、更智慧！

目录

第2篇　技术篇

第3篇 实践篇

第4篇　展望篇

第一篇 · 缘起篇

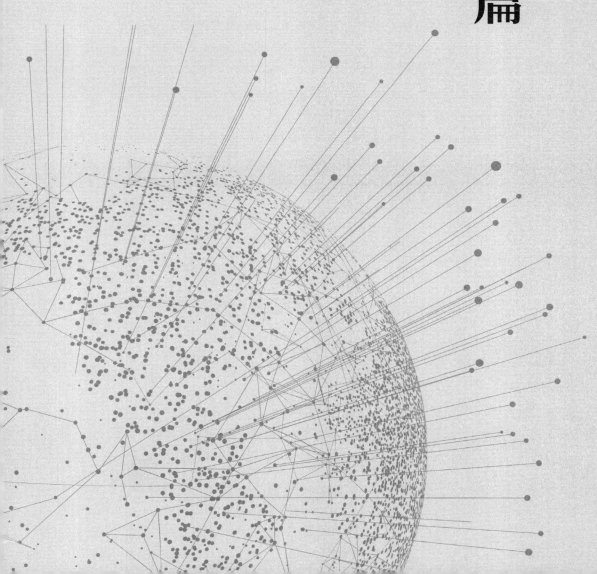

篇章综述

现代城市，是一类开放的复杂巨系统。高速的城市化进程给城市规划、建设和运行带来了一系列问题，难以通过传统的技术和管理方法有效解决。此背景下，"智慧城市"应运而生，如何在城市管理领域创新运用射频传感技术、物联网技术、云计算技术等新一代信息技术，使城市问题变得更易于被感知觉察，城市资源更易于被充分整合，并在此基础上实现对城市的精细化和智能化管理，最终实现城市的可持续发展，成为城市发展的新愿景。

如果把城市比拟成人的话，城市感知网络就像人的五官皮肤及关联的神经系统一样，负责感知周边环境，收集环境数据，供大脑做出种种反应和决策。城市的感知网络是数字化城市获取城市环境信息的重要载体，为城市大脑开展决策计算提供丰富的数据养分，是数字孪生得以实现的关键性基础设施。作为本书开篇，本篇从智慧城市提出的感知需求讲起，基于业内观点调研提出城市感知网络体系的概念，并第一次将多功能智能杆定位为城市感知网络重要载体，对多功能智能杆在智慧城市里的作用与价值进行总结。

1 感知缘起：智慧城市发展中的全面感知

　　感知（Perception），是指人脑对客观事物各个部分或属性的整体反应。在环境感知中，感知意味着利用传感器获取周围所处环境的信息，并提取有效的特征信息加以处理和理解，最终通过建立所在环境模型来表达所在环境信息的技术[①]。城市感知网络体系协助人类感知的延伸，扩大了人的感知范围，增强了人的感知能力，极大地提高了人类对外部世界的了解水平。"千里眼和顺风耳"不再是过去人类在神话传奇小说当中的美好愿望，而是未来生活中真实发生的日常画面。

　　智慧城市在历经多年的发展后，越来越重视数字世界对物理世界信息的获取能力，即感知能力。2021年3月，国家"十四五"规划纲要明确提出要"探索建设数字孪生城市"，标志着我国智慧城市建设进入数字孪生新阶段。为了将城市的物理、社会与数字空间在时空维度中实现更加精准的映射、更加紧密的联接和更加多维的联动，进一步满足"人"在城市生活、生产、生态的各类需求，服务"以人为本"的智慧城市建设初心，数字孪生城市必须具有全面感知、精准映射、智能推演、动态可视、虚实互动以及协同演进的功能，具体如表1-1所示。

数字孪生城市典型特征与主要内容　　　　　　　　　　　　　　表1-1

典型特征	主要内容
全面感知	建立全域全时段的物联感知体系，在城市范围内布设多种类型传感器，实现对城市环境、设备/设施运行、人员流动、交通运输、事件进展等的全方位感知，全面实时获取城市运行的影像、视频、各类运行监测指标等海量城市数据，为城市数字孪生提供数据基础
精准映射	通过物联感知、数字化标识、多维建模等技术，构建城市的数字世界，并确保数字世界与物理世界一一对应，保障孪生环境下的仿真推演具有可信性和参考性，从而指导物理世界运行管理决策
智能推演	依据物理城市的真实运行数据，构建不同场景下的推演模型，模拟和分析物理城市的运行状态和发展趋势，推演预测物理城市的发展态势与运行结果，并提出优化建议，辅助城市日常管理、应急指挥和科学决策
动态可视	将感知的多源数据进行数字化建模和可视化渲染，实现全空间信息和城市实时运行态势的动态展示
虚实互动	物理空间与数字空间互操作和双向互动，即通过对物理世界的数据实时采集、接入并映射到数字世界，实现对物理世界的仿真和模拟；在数字空间中进行大量数据的计算、预测和演练，提出城市规划、城市建设、城市治理等的科学决策建议
协同演进	以物理空间和社会空间为主体，在数字空间进行推演并反馈进化结果，使物理空间和社会空间协同推进。协同演进不仅是"协同"的，更是"演进"的，是城市数字孪生具有高阶智慧能力的体现

资料来源：根据《城市数字孪生标准化白皮书（2022版）》自绘，作者为全国信标委智慧城市标准工作组。

[①]　辞海编辑委员会. 辞海（第七版）网络版. 上海：上海辞书出版社，2021.

2021年3月，北京市发布《北京新型智慧城市感知体系建设指导意见》，指出感知体系是实现城市管理"自动感知、快速反应、科学决策"的关键基础设施，在智慧城市建设中具有重要作用，提出到"十四五"末期，北京市建成全市感知终端"一套台账"，实现感知终端的统筹管理和规范建设；实现城市感知网络的互联互通，打通感知数据的流转通道；推动感知数据标准体系建设，实现感知数据汇集汇通和共享应用；强化感知数据的人工智能分析，实现感知数据的智慧应用。自2017年起，上海开始从城市运行客观规律入手，从市民需求和城市运行需求出发，在实践中研究构建超大城市运行特征体系。经过三年多的探索，上海已初步形成"物联成网""数联共享""智联融通"的城市神经元感知体系，从宏观、中观和微观三个层面打通了全域数据，全面赋能城市治理数字化。

由此可见，感知体系是智慧城市建设运营核心要素的观点已逐渐成为广泛的共识。在提升城市运行管理和公共服务水平这两个智慧城市建设主要目的的引领下，如何有效建立起信息与城市运行服务的有效连接成为智慧城市建设的关键因素。

1.1 智慧城市的感知需求

智慧城市的探索以需求为导向，以支持智慧应用为目标。笔者据此对城市级感知进行了全领域、多维度、全要素的深入剖析，将不断涌现的城市感知需求系统性地呈现出来。

1.1.1 全领域

全领域是指包含城市建设的各个行业、各种管理模式、各种应用场景的智能化、数字化需求。包括：自然资源与环境、市政工程、城市建筑、交通运输、地下空间、轨道交通、应急管理、民生、景观绿化、农林草等方方面面的需求及其感知网络体系的相关规范。

1.1.2 多维度

城市感知网络体系的各个应用主体对感知内容的需求都不一样，所以需要多维度分析对各类感知设备和信息的需求。结合理论研究与落地实践，笔者从以下几个维度对感知网络体系做了梳理。

（1）从城市管理者（政府部门）对感知网络体系需求的维度

依据智慧城市建设管理和服务及相关标准规范的要求，在分析城市级感知网络体系建设需求的基础上，梳理哪些数据是可监测、可计算、可通过建模分析处理支持决策的，哪些数据是支持智慧城市服务能力的，哪些数据是提高智慧城市安全运行和降低风险的，从而进一步形成适合城市感知网络体系建设的规范。

（2）从城市专业服务商（专业提供基础公共服务的企业）对专业系统和感知网络体系需求的维度

依据各个专业涉及的各类建筑设计规范及标准中与智慧城市相关的设计规范、标准，以专业服务系统提升智能化、数字化功能为目标，参照专业、行业内（单位工程定义范围）数据采集系统建设标准，建立城市基础服务的感知网络体系和数据化信息库。将行业的专业数据进行智能化处理，形成结果化、结论化信息予以共享，提升服务商的专业服务水平。

（3）从感知产品、物联网技术和系统发展的维度

从感知产品原理、安装、维护、综合评价的维度（选型和设计）考虑，依据感知网络体系要求和智能化的传感网络结构，结合传感器、仪器仪表的结构、作用和参数特点，以及各类传感器空间划分方式和各类行业、专业的分类要求，对一些涉及城市公共利益、公共安全的各类智能化设备进行分类分组，根据传感器作用（计量类、计费类、在线监测类、工艺控制类）的不同明确其特点和要求，以空间位置（预留、预埋、附着）明确需要共享共建的规定。

（4）从科技创新、产品创新、系统创新的维度

建设新型智慧城市是新时代贯彻新发展理念，全面推动新一代信息技术与城市发展深度融合的重要举措。建设人与自然和谐相处的新型智慧城市，必将应用许多科技创新、产品创新、系统创新的最新成果。需要研究物联网、传感器、仪器仪表、检测体系的最新成果，强化感知网络体系统筹和共性平台建设，破除数据孤岛，构建智慧城市一体化运行格局。对可预见的会淘汰的产品、系统坚决予以限制，以更智能、更经济、更稳定为目标，对可替代、可复用、可共享的感知系统做出相应规定。

1.1.3 全要素

结合新型智慧城市建设需求，以支持感知网络体系管理为目标，紧密结合智慧城市架构一体统筹推进的特点，将感知网络体系的应用部署与空间布局等最终集聚在"一张蓝图"上。贯穿感知网络体系设计、建设、运营、管理、保障的各个方面，尤其对有交叉点的基础设施，有"穿、跨、越"结点的基础设施，对预留管线、箱廊、塔架，预先安装测量感知设备，对智慧城市的设计、体制机制、智能运行中枢、智慧生活、智慧生产、智慧治理、智慧生态、技术创新与标准体系、安装保障体系进行支撑。

1.2 智慧城市的感知末梢

城市感知网络是城市多尺度综合感知的物联网技术应用的一个实例。城市感知以物联网技术为核心，通过身份感知、位置感知、图像感知、环境感知、设备感知和安全感知等手段对智慧城市的基础设施、环境、设备、人员等进行识别、信息采集、监测和控制，并使各感知单元具有信息感知和指令执行的能力，是人类跨入智慧社会的物质技术条件。城市感知网络主要包含以下几个方面。

1.2.1 大量的感知节点

物联网应用场景复杂多变，感知对象监测数据需求量大，感知节点一般被部署到人员踪迹较少的环境之中，因此需要部署大量的感知层节点才能满足全方位、立体化的感知需求。

1.2.2 多样的节点类型

物联网感知对象种类多样，感知层在同一感知节点上大多部署不同类型的感知终端，如环境监测系统，一般需要部署用以感知空气温度、湿度、一氧化碳含量以及自然降水水质等信息的感知终端。这些终端的功能、接口以及控制方式不尽相同，导致感知层终端种类多样、结构各异。

1.2.3 独特的安全机制

从硬件上看，由于部署环境恶劣，感知层节点常面临自然或人为的损坏；从软件上看，受限于性能和成本，感知节点不具备较强的控制、存储能力，因此无法配置对计算能力要求较高的安全机制，但节点安全性能却相当重要，因此设计何种安全机制甚为重要。

作为智慧城市的感知神经末梢，传感器是数字化城市获取城市数据的最小单元，是智慧城市实现更透彻感知的关键基础设施。感知网络体系中的传感器作为智慧城市建设中全面透彻感知"数据"的重要执行元件，基本要求是实现城市中的物物相连，每一个需要识别和管理的物体上都需要安装与之对应的传感器，这也促使感知网络体系成为数字世界与物理世界的连接纽带。

当前意义上的传感器技术是在20世纪中期真正开始的，当时最主要的是结构型传感器，即利用结构参量发生变化或由它们引起某种场的变化来反映被测量对象的大小和变化（如利用结构的位移或力的作用产生电阻、电容或电感值的变化）[1]。结构型传感器是第一次工业批量生产的传感器，比较典型的是电阻式传感器，如图1-1所示，90%用来称重，原理非常简单，就是人站在金属材料上会引起材料形变，材料形变又会引起金属材料电阻和电流的变化，这样指针或者数字就会发生变化，从而能测出人的体重。因而，这个时候的传感器比较粗糙，作用也很有限。

电阻式传感器的出现引发人们思考能否将金属换成其他的东西，比如说对光比较敏感的材料能否转化成输出电信号。于是，20世纪70年代后，传感器的材料从金属发展到半导体、电介质、磁性材料等各种固体材料，从而出现了固体传感器，如图1-2所示。它的结构也很简单，主要是敏感元件和转换元件，顾名思义，敏感元件就是用来感应（检测）外界

---

① 中国电子技术标准化研究院. 智能传感器型谱体系与发展战略白皮书2019版. http://www.cesi.cn/201908/5426.html.

图1-1　电阻式传感器
（图片来源：笔者自绘）

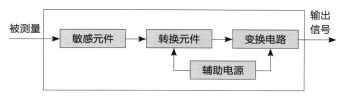

图1-2　固体传感器的组成
（图片来源：笔者自绘）

的信息，转换就是将感应到的信息转化成电信号。

与结构型传感器相比，固体传感器不仅种类多，而且功能也日益丰富，比如说生活中常见的开关，以前只能是手动，现在用了不同的传感器可以实现声音感应、感光或触屏。在这一阶段，传感器被做成各式检测设备，并进入人类各个领域。

随着半导体集成电路技术的发展，人们尝试把传感器与其后级放大电路、运算电路、温度补偿电路或按需把多个传感器及其他元件制作在同一芯片或封装在同一管壳内，于是就出现了集成传感器，如图1-3所示。传感器的集成是一个由低级到高级、由简到繁的发展过程。当集成技术还不能把传感器和全部处理电路集成在一起时，人们总是先选择一些较基本、较简单而集成化后可大大提高传感器性能的电路同传感器集成在一起。

随着微电子技术的发展和微处理器的出现，人们开始尝试将传感器与小型芯片组合在一起，于是出现了集成传感器芯片（图1-4），这样使得传感器不仅能感应和转化信号，而且还能处理信号，性能得到提升。

嵌入式软件技术的兴起与微处理器的发展，使得集成传感器进一步演进至智能传感器。智能传感器具有信息采集、信息处理、信息交换、信息存储等能力，是集传感器、通

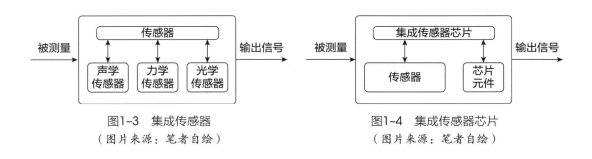

图1-3　集成传感器　　　　　　　　　　图1-4　集成传感器芯片
（图片来源：笔者自绘）　　　　　　　　（图片来源：笔者自绘）

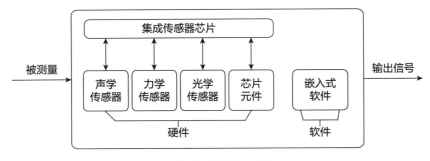

图1-5 智能传感器

(图片来源：笔者自绘)

信芯片、微处理器、驱动程序、软件算法等于一体的系统级产品，如图1-5所示。精度高、小型化、低功耗、智能化、无线化等是其典型特征。在万物互联的时代，智能传感器为人类搭建了通向智慧化时代的桥梁。2009年，IBM在"智慧地球"提出将各种感应科技嵌入汽车、家电、公路、水利电力等设施中，以便能更透彻地感知和度量世界的本质和变化。

当前智慧城市的建设，主要运用了四大类传感器技术扩展其智能功能，分别为电子传感器、红外传感器、热敏传感器、近程传感器和激光雷达，如表1-2所示。通过在城市里布设各类感知设备实现城市范围内气象、大气、地下水、地表水、土壤、噪声、能耗、人群、车辆、交通、事件等各项关键信息的识别、采集、检测和控制，并结合数字孪生技术，实现城市物理世界的数字化与数据化，从而实现城市中人与空间的全面感知、动态监测和实时掌握城市运行状态。在空间维度上，城市感知可分为地上、地面和地下三种类型，如表1-3所示。在智慧城市规划与建设中，可根据不同应用场景、实际使用需求和信息采集方式，构建全域覆盖、动静结合、三维立体的智能化设施和城市感知体系。

智慧城市四大传感器技术   表1-2

应用技术	应用说明
电子感应器	环境监控传感器和测速仪传感器都有电子传感器，在智慧城市中，承担监测电源和电流水平的工作
红外线感应器	在动态、不稳定的环境下无偏见地产生数据，为智慧城市的决策提供帮助
热敏	准确地追踪能量的分配情况，而其他的智能感应器能够控制需求端的能量。所以智能电网传感器有利于提高能效
近程感应器和激光雷达传感器	雷达传感器可以利用复杂的计算机数据对重要的现场信息进行分析。帮助发展汽车自动化系统，这是实现全城智能化的关键

资料来源：笔者自绘。

城市感知设施的空间分布 表1-3

空间维度	感知载体	智能化设施
地上	卫星	北斗
	低空无人机	环境监测传感器、激光点云传感器、光学影像传感器、气压传感器、地磁传感器
	浮空平台	激光测距仪、预警雷达、红外摄像机
	建筑	消防传感器、安防传感器
	智能边坡	环境温湿度传感器、位移传感器、裂缝传感器、土压传感器、应变传感器
	多功能智能杆	摄像头、气候监测仪、环境检测传感器、5G基站
地面	智能井盖	环境检测传感器、RFID标识卡
	智能路贴	地磁传感器、风流传感器、光敏传感器
	智能道钉	水浸传感器、振动监测仪、温度监测仪、光敏监测仪、车流监测仪
地下	地下防空洞	视频监控装置、防汛探测传感器、防火探测传感器
	地下交通隧道	CCTV监测装置、射流通风装置、防火探测传感器、CO_2浓度传感器
	地下管廊	电力传感器、热力传感器、燃气传感器、通信传感器、水务传感器
	水底观测网	气象观测仪、水文观测仪、能源观测仪、安防观测仪

资料来源：笔者自绘。

2 与君初识：揭开感知网络体系的神秘面纱

2.1 认识城市感知网络体系

在本书编写的早期阶段，编者团队面向产业相关从业者发起过一个主题调研，在智慧城市建设的大背景下，我们先来看看不同角色的产业同仁是如何看待"城市感知网络体系"的。

问题探讨："城市感知网络体系"应该是一个网络还是传感器构建的体系？

有三类比较典型的观点总结如下。

观点1：城市感知网络体系严格来说是一种网络。

我们的智慧城市建设理念是把城市本身看成一个生态系统，城市中市民、交通、环保、安防、路巡、商业、通信、城市资源构成了一个个的子系统。这些子系统形成一个普遍联系、相互促进、彼此影响的整体。其中既有传感器构建的物联网体系获取的数据源，也有通过云计算大数据、决策分析优化等信息技术汇总采集、智能共享获取的数据源，将这些数据源（比如物理基础设施、信息基础设施、社会基础设施和商业基础设施等数据）连接起来，成为新一代的智慧化基础设施。那么这种感知网络体系更像是一个实时反馈信息的神经网络系统，不只依赖传感器，还依赖通过网络连接起来的无数个数据源子系统。

观点2：城市感知网络体系的核心是感知。

在5G时代，网络只是基础，保障数据可达、可获取，真正带来变化的是依靠传感设施万物互联所获取的丰富的数据类型，以及多元的数据应用，传感是核心。

城市感知网络体系的本质是大量不同种类、用途的传感器构建而成的一种用于感知空间状态的体系，通过该体系城市大脑可以有效地感知城市的各种变化，从而做出有效调整。网络只是城市感知网络体系外在的一种展现形式和物理上的一种链接方式。

"如何感知、感知什么"才是最核心的价值所在。因此，构建的整套城市感知的管理和应用体系才是体现城市感知网络体系的最终价值所在。

观点3：传感器和网络同样重要，核心是相互结合形成一套体系。

传感器的发展带动了对世界的多维度了解，但数据及信号的传输依赖网络基础的构建。感知只是采集，传输网络是输送数据或信号的基础。如果神经元没有神经网络支持，神经体系是不可能起作用的。所以，感知网络体系应该由传感器及传输网络共同构成。

网络和感知能力在结合时需要充分考虑两者在整个体系中的差异。前者强调的是网络和数据传输，后者强调的是感知。相对来说，前者的技术应用周期较长，技术成熟度也较高，是后者的技术支撑。而传感器构建的体系应用相对具象，应用的场景、形态和技术本身还有很大的发展空间。在系统设计时需要把它们的属性分开对待，做好规划协同。

三类观点从不同视角反映出现阶段产业对于"城市感知网络体系"的初步认知和理解，为本书持续探索"城市感知网络体系"提供了很好的研究基础。同时另外两个不可忽略的要素是"城市"与"体系"。

城市感知网络体系最终是服务于智慧城市建设的，在融入智慧城市顶层规划的基础上更加聚焦和强调城市感知交互层的统筹规划和建设。

构建"城市感知网络体系"是一个持续的过程，目前城市感知网络体系还是一种不完善的网络，未来将发展成一个完善体系。现在处于智慧城市建设初期，设施以感知设备为主，呈网络化布局，随着智慧城市建设推进，"城市感知网络体系"将融合感知、边缘计算、5G网络、北斗定位等新技术组成一个完善的感知体系。

2.2 感知网络体系的作用和价值

2.2.1 实时全域感知使能智慧城市应用

感知网络体系可发挥哪些价值和重要作用？在编者团队面向产业的专题调研中，46%的产业从业者认为使能智慧城市应用场景是城市感知网络体系首要发挥的作用，具体见以下几种应用场景。

（1）城市交通场景：感知网络体系中的交通感知，是城市智慧交通的基础，通过建设全息路口[①]、智慧公路等交通指挥场景，缓解城市交通拥堵、提高城市交通安全。

（2）城市监控场景：视频监控一体机是平安城市的触点，也是城市应急的眼睛，依托城市应急统一智慧方案，实现知情快、看得清、反馈快。

（3）城市环保场景：构建城市环保物联感知网络，实现城市空气、噪声、降水等环境指标24h实时采集回传，为城市环境治理决策提供有效的数据依据。

（4）城市气象场景：构建城市气象感知网络，实现城市降雨、湿度、风力等气象指标24h实时采集回传，为城市气象预报和气象观测提供有效的数据依据。

（5）城市综合场景：如通过太阳能储能转化为夜间照明，实施环保、应急等多功能综合性城市解决方案，为其他应用场景提供电力支持。

以上述城市交通场景为例，目前多功能智能杆可以集成路灯、5G、公安监控、交管监控、流量采集雷达、环境探测、交通信号采集、车路协同设备等。那么其背后是如何综合运用挂载设备功能及技术手段去解决城市交通面临的各种复杂问题的呢？

---

① 全息路口的概念最先由华为技术有限公司提出，并联合多家单位共同编制了《道路交叉路口交通信息全息采集系统通用技术条件》团体标准。

例如：通过5G信号收集和传输，可以分析人流空间分布和规模，为交通疏堵提供依据；通过摄像头信息采集可以对行人和车辆信息进行采集与追踪，实现交通非现场执法，提高执法效率；通过对车流和人流密度信息采集，实现区域信号自适应控制，减少拥堵，提高交通效率；通过车路协同设备，支撑实现自动驾驶功能等。

2.2.2 资源共建共享提升建设资金效能

城市感知网络是支撑智慧城市建设发展的重要信息基础设施之一，统筹规划与建设可以节省大量的投资资金。

（1）节省大量建设资金。国内目前的专项感知系统建设成本很高，引电、建设光缆、传输接入成本非常高，工程施工行政审批也非常困难。如果建设成整体感知网络，将各个需求单位的物理设备按照既定的方案组合在一起，上述成本进行分摊后，将节省大笔费用。经第三方专业机构测算，多功能智能杆的建设通过多杆合一减少杆件，统筹供配电设施、网络通信设施、光/电缆、管道/井等配套设施的统一建设，相较原独立建设模式，可实现投资建设费用节省约20%[①]。

（2）城市感知网络通过共享实现互取所需。感知网络可以通过一种载体实现不同功能传感器的搭载插电，再通过优越的地理位置、优惠的价格（价格分摊）等吸引不同用户进驻，实现"抱团取暖"。

（3）大幅度降低维护成本。感知网络将多种产品集中在一起，未来将由维护单位统一维护，该维护主要为硬件维护，成本很低。经第三方专业机构测算，相较于各类设备独立建设、各主管部门分头维护管理的模式，多功能智能杆统一运营维护具有杆件少、设备集中挂载、统一巡检等优势，达到集约维保费用的效果。对比原单一功能杆体，运维成本可降低约20%[①]。

（4）数据资源统一采集汇聚。感知网络汇总的数据源可以统一网络接入，统一取电，统一管理，统一数据共享，统一场景关联，更容易汇聚成大数据，尤其是多功能智能杆，它分布最广、数据源搭载最多，一旦感知网络建设成功，将成为重要推手，极大地促进智慧城市的建设。

2.2.3 网络全域覆盖强化感知最后一公里

在智慧城市建设运营中，感知网络构建的是城市无处不在的毛细血管，是具有生命力的城市末梢触角，是支撑城市管理"全景感知、快速反应、科学决策"的最后一公里。智慧城市感知网络体系是万物互联时代的超级物联网，可以结合终端特点综合采用有线通信、无线通信和标识识别技术，网络设备和感知终端分布在城市每个角落，是一个无处不在的

---

① 该数据由深圳市信息基础设施投资发展有限公司和深圳市市政设计研究院有限公司测算。

网络。感知网络如血管和神经一样深入城市的公路、街道和园区，对人口密集处有良好的渗透，并且布局均匀，密度适宜，可以提供分布广、位置优、成本低的站址资源和终端载体，是5G和物联网实现大规模深度覆盖的首选方案。但是，也要清晰地认识到，毛细血管不是主动脉，也无法替代主动脉。在智慧城市建设中，让智慧城市感知网络体系发挥价值和作用，首先要做好整体规划建设，从主动脉、动脉、毛细血管到周边神经，都需要做好周密的规划，只有动脉畅通，毛细血管和周边神经才能发挥应有的作用，才能实现智慧城市感知网络的服务目标。

2.3 感知网络体系的概念诠释

在前边两个小节中，笔者分享并探讨了来自产业同仁对于"感知网络体系"的理解，并初步分析了其可以发挥的作用及带来的价值。可以看出，感知网络体系的构建对于智慧城市的建设发展意义重大。

这里笔者尝试对感知网络体系的概念与内涵进行诠释：

首先，感知网络体系是多网络的集成与融合。感知网络体系以标准规范体系和信息安全体系作为全链条保障，分为感知、网络、平台、应用四层。智慧城市感知网络体系的底层是由智慧城市中各类信息实体共同构建的感知终端层，城市中所有能传输信息的人或物都能作为城市感知网络体系的信息源头，多功能智能杆、隧道、管廊、飞行器等广泛分布的城市基础设施，遇上信息技术后摇身一变成为智慧城市物联感知、视频感知、光纤感知、航空感知等感知终端的"主力军"；搭载边缘计算智能网关组建起感知网络体系的边缘层，作为各类信息汇聚传输的"关口"；城市各类感知终端汇集的海量感知数据通过遍布城市的智能融合网络传输至城市感知平台，并构建起数字孪生城市，赋能智慧城市的各类感知应用。在感知网络建设实践中，不同的感知终端所采用的组网技术不一样，不同的用户对组网的管理要求也不一致，因而，需要在感知终端层实现多网络集成，在感知网络层实现多网络智能融合。

其次，感知网络体系是整合计算技术、通信技术、物联感知技术和实体系统的智能体系。感知网络体系实现计算、通信、感知技术与物理系统的一体化设计，可使新一代复杂工程系统更加可靠高效、智能协作，使系统具备更优的功能、性能品质。它强调网络空间和实体空间的深度融合，通过信息通信技术在网络空间实现对实体设备和运行进程的感知、数字化采集、数据化集成、智能分析及预判，从而达到优化配置的目标，实现网络空间与实体空间的自适应、自组织和自协调。

再次，感知网络体系构建需要管理体制的变革与创新。需改变政府部门视频监控、智能交通、环境监测等各类感知网络各自规划、各自建设、各自运营、各自维护的现状政策，采用统一规划、统一建设、统一运营、统一维护等新的建设与运营模式，并通过"四统一"牵引感知终端实现接口协议与数据格式的标准化,实现感知网络的智能融合,实现感知网络全要素安全防范的体系化。

最后,感知网络体系的本质意义,在于它是物联网互联与改造整个物理世界的底层思维基础。如同互联网改变了人与人、人与数字世界之间的互动一样,以感知网络体系为核心思维的物联网将改变人与物、物与物乃至物理世界与数字世界的互动方式。另外,感知网络体系也具有强烈的当前时代重大应用背景:基于经济与社会发展面临的交通拥挤、能源危机、气候变化和医疗成本高昂等挑战,城市交通系统、智能电网系统、航空航天系统、建筑节能系统、医疗保健系统和城市供水等重大基础设施系统都是典型的网络感知应用系统。

对于智慧城市而言,城市感知网络体系通过多维度物联感知、泛在网络、信息建模等技术采集城市基础设施与运行管理实施数据,实现由实入虚的连接和映射,在数字空间洞察发现问题并分析制定科学合理的研判决策,通过物联网远程反馈作用于现实世界,实现对物理城市的全生命周期管理服务、城市运行的优化改制和经济可持续发展的支撑。

2.4 感知网络体系的部署要求

感知网络体系是一套完备的、系统的城市级信息基础设施,在智慧城市建设中具有重要作用。然而"罗马非一日建成",城市级感知网络体系的部署需要根据城市发展规律逐步规划落地。在当前城市发展阶段,构建感知网络体系的首要问题就是找到能够承载感知网络体系落地的感知载体。基于前文对感知网络体系概念的初探,本书认为感知载体至少需要具备以下条件:全域覆盖、传输畅通。换言之,由于感知网络体系需要海量感知数据作为基础,感知载体需具备遍布范围广、采集密度大的分布特点,具备通电和通网等基础保障,具备挂载传感设备和功能扩展的条件,相关技术成熟且有统一标准,具备在市域范围内搭建的合法性等。同时,城市级的感知载体还应具有经济性,能够依托已有资源,避免重复建设,满足低碳节能的要求。

下一章,本书将向读者介绍一种新型信息基础设施,能够同时满足上述要求,可作为当前部署感知网络体系的最佳载体。这类新型基础设施具有以下突出优势:一是主要分布于城市重要节点,具有"点散面广"的特点,能够作为城市"神经元"最大限度地收集城市感知数据;二是电力、网络畅通,具有基于边缘计算、云网协同实现各种应用场景的智能联动与交互功能的可能;三是能够避免重复建设、降低能源消耗;四是有利于提升城市景观。

3 感知载体：依托多功能智能杆建设感知网络体系

3.1 认识多功能智能杆

作为新基建和新型智慧城市建设的重要载体，自2016年开始，在相关政策的支持下，多功能智能杆建设取得了显著的成效，广州、深圳等多地已规划大规模建设多功能智能杆。

根据全国信息技术标准化技术委员会智慧城市标准工作组发布的《智慧多功能杆发展白皮书（2022版）》对多功能智能杆定义如下：多功能智能杆，也叫智慧多功能杆、多功能智慧杆等，是由杆体、综合箱和综合管道等模块组成，可挂载两种及以上设备，与系统平台联网，实现或支撑实现智能照明、视频采集、移动通信、交通管理、环境监测、气象监测、应急管理、紧急求助、信息发布、智慧停车等城市管理与服务功能的新型公共信息基础设施。除政策、标准等引用内容特指外，本书将以"多功能智能杆"统一指代此类型基础设施。

从外观上看，多功能智能杆在杆体、挂载设备以及配套基础设施方面，均与传统杆体存在差异，且能够满足智慧城市感知终端的新要求。城市多功能智能杆具有多层立体空间，智能杆挂载设备方式一般可分为抱箍式、固定式、滑槽式、机架式。多功能智能杆采用现代工艺设计，杆体空间立体多层，可满足大部分感知设备挂高要求，典型的多功能智能杆结构如图3-1所示。从功能构成上看，多功能智能杆由杆体、基础地笼、横臂、设备仓（含扩展）和智能门锁等模块组成。设备仓内置配电、通信、防雷、接地等模块。

3.1.1 从普通照明到智能照明

1417年，伦敦亮起了世界上第一盏路灯。1879年，上海十六浦码头开始使用由人工控制开关的路灯，起初是一个开关控制一根电线杆，三年后改为一个开关控制多根路灯杆，这种形式的路灯在全国各个城市沿用到20世纪。

传统城市路灯存在开关灯控制方式单一、不能单灯控制与按需照明、亮灯时间不准确、巡查困难、故障处理不及时、亮灯率无法把控等问题，路灯系统能耗高，维护成本高。面对城市照明路灯数量庞大且正在快速增长的局面，传统的城市照明管理技术与管理手段也日渐捉襟见肘、难以为继。随着绿色照明、可持续发展理念的深入人心以及照明灯具、物联网、ICT等技术的持续发展，传统城市照明理念与管理手段开始向模块化、网络

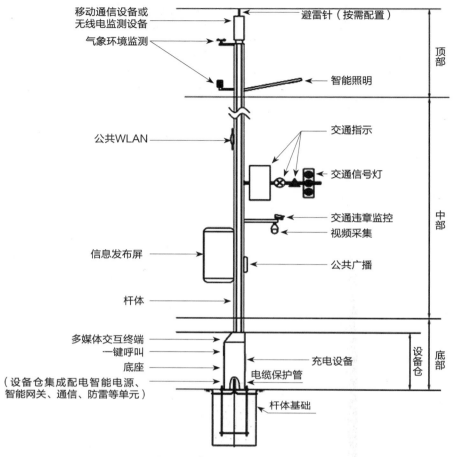

移动通信设备或
无线电监测设备

避雷针（按需配置）

气象环境监测

智能照明

顶部

公共WLAN

交通指示

交通信号灯

交通违章监控

视频采集

信息发布屏

公共广播

中部

杆体

多媒体交互终端
一键呼叫
底座
（设备仓集成配电智能电源、
智能网关、通信、防雷等单元）

充电设备

电缆保护管

杆体基础

设备仓

底部

图3-1　多功能智能杆结构示意图

（图片来源：深圳市地方标准《多功能智能杆系统设计与工程建设规范》DB4403/T 30—2019）

化、数字化、智能化、节能环保的智能照明迭代升级，开启了路灯的智能化演进之路。

3.1.2 从单一功能到多种功能

多功能智能杆的"前身"是林立街边的各类杆站，这些杆站从开始的单一功能逐渐发展为承担多种功能。例如，早期路灯杆上安装的高音喇叭同时承担了广播的功能；路灯杆上挂载的气象设施及噪声监测、环境检测等电池供电、低功耗传感器承担了挂载的功能；电力载波通信技术的发展以及智能照明的兴起，使路灯杆有了简单的通信功能等。2018年，为解决城市路灯杆、监控杆、交通杆等道路两侧杆件林立以及架空线缆杂乱无章等问题，按照能合尽合的原则，上海以首届中国国际进口博览会为契机，开展了以"多杆合一"为标志的"全市架空线入地及合杆整治工作"：凡是道路杆件上搭载的设施，经过改善，在满足安全、美观以及功能需求的前提下，统合到一根杆件上。

传统的一杆多用和多杆合一的模式，是灯杆功能的简单扩充，灯杆所有者只提供功能设施的挂载服务以及杆体的日常维护，不提供设备供电与网络传输服务，此时的杆件充其量只能称为"复合杆"或"多功能杆"，还未达到"智能杆""多功能智能杆"的程度。

3.1.3 从多种功能到智慧智能

随着城市数字化与智慧化的发展，传统灯杆上搭载的视频监控、交通指挥、环境监测、5G基站、信息发布等各类传感器越来越多。通过提供统一的承载网络和设备供电，随着传感器技术的发展以及智能传感器的广泛应用，灯杆除了承载照明的基本功能之外，融合承载的其他功能日益增多，其智能程度也在不断增进。

多功能智能杆具有"多杆合一""多箱合一""多网合一"的典型特征。图3-2为其示意图。

多杆合一。作为通信基站、监控摄像头、雷达、广播、一键报警、LED显示屏、手

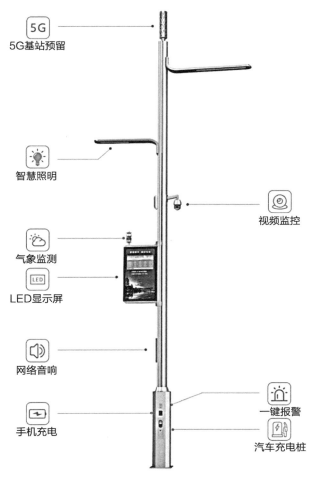

图3-2　多功能智能杆示意图

（图片来源：笔者自绘）

机充电、充电桩、环境监测器等的结合体，多功能智能杆成为智慧城市感知网络的核心挂载载体，实现照明管理、视频监控、环保监测、车辆监控、屏幕管理、区域噪声监测、市民应急报警等多种功能。

多箱合一。将交通监控、道路照明、公安监控、传感器等设备的箱体进行整合，减少道路设备数量，美化城市空间，同时设备舱的整合也便于集中管理与维护。

多网合一。智能杆管网采用标准化设计，将交通、交警、城管、公安等部门的需求整合，将地下管网多网合一，同时预留充足管道，避免反复开挖，具备良好的扩展性。通过光纤、管道、交换机、网关等设备组成传输网络，对感知层采集的数据进行传输，统一数据回传。

数字孪生城市概念的提出与实践，对城市多功能智能杆提出了更高的要求，大数据、云计算、边缘计算、车路协同、全光网络等ICT技术的发展，使多功能智能杆不断迭代与升级。通过统一接口、数据结构和标准协议，实现前端感知设备的即插即用；通过建设近端的计算网络与算力，并与远端云计算和大数据平台协同，可高效计算传感器采集的数据并快速作出响应，以满足实时高速业务、应用智能、安全与隐私保护等应用需求。边缘计算设备在靠近终端和参与者侧部署，可与感知终端、网络基站、通信机房等城市基础设施协同部署，优选多功能智能杆设备仓或室外机柜。基于统一的操作系统，各类感知设备在系统层面可融为一体，实现硬件互联和资源共享，在感知层实现可组合、可协同。

3.2 多功能智能杆的多重角色

多功能智能杆是新型智慧城市5G新基建和构建城市全面感知网络体系的重要载体，是构建智慧城市数字底座的基础节点和打造全球新型智慧城市标杆的重要抓手，目前在城市道路"多杆合一"工程和5G基站挂载中得到广泛应用。随着全国各地纷纷开展多功能智能杆试点项目，人们对多功能智能杆的认知也逐渐丰富和具象化。

3.2.1 数字孪生的数字站点

随着智慧城市建设的深入和5G、IoT、AI、边缘计算、云计算等信息技术的成熟，智慧城市建设对城市数据的广度、精度、颗粒度以及时效性都提出了越来越高的要求，需要在城市布设数量更大、类型更多、反应更快、感知更准的传感器。通过建设城市感知网，统一设计杆上的物联网网关，提供标准、兼容或透传的物联网接口，实现物联感知设备的统一接入、统一管理及互控协同。智慧城市数字化站点的规模部署迫在眉睫，而传统站点建站方式多依赖于机房建设，多套电源、电池拼凑，缺乏整体性设计，成本高、可靠性差、难以统一管理。多功能智能杆作为集成安防、交通、通信等各类功能和设施的复杂综合体，能够兼容不同垂直领域系统的需求，改变传统站点建站方式，充分满足用网用电需求，打造极简、绿色、智能的数字站点。总而言之，多功能智能杆能担任数字城市数字站点的角色。

3.2.2 城市感知的网络锚点

从感知网络的角度，多功能智能杆集成了通信模块，具备前向接入与后向回传两大功能。在前向接入方面，既可以提供杆上物联网设备的接入与协议转换，也可以通过短距离通信、WiFi技术和光缆覆盖周边30～2000m范围内的网络设备接入。在后向回传方面，可以采用光纤直连、xPON、OTN、波分复用、时间切片等技术为各类物联感知网络设备提供专网连接、物理隔离、逻辑隔离或IP共享的信息传输和网络组网方案。

3.2.3 城市治理的信息网格员

从城市治理的角度，有人提出"多功能智能杆是城市治理的信息网格员"。多功能智能杆作为城市信息接入口，能够灵敏便捷地实现人与人、人与设施、人与城市之间的信息对接互融，可以高效节能地为居民直接提供即时的智能化服务。多功能智能杆作为信息时代的"城市网格员"，能提升网格化巡查效率，让城市精细化管理更具抓手且更加高效。

—— 专栏 ———

社区里的信息网格员

2020年，深圳市某行政单位在调研走访万科城社区时了解到，社区工作站基层管理压力很大，噪声扰民等诸多问题投诉频发。双方通过认真交流管理痛点难点，初步形成了利用多功能智能杆来解决此类问题的设想。

2021年7月，深圳市多功能智能杆投资建设运营主体在万科城广场投资新建5根多功能智能杆，并结合"音视频联动"技术、AI视频监控等，构建社区5G网格管理体系，提高基层社会治理智能化水平，可实现广场舞扰民治理、智慧科技防疫、积水易涝点监测、危险区域预警、5G和WiFi全时段高速体验，此外，还可对垃圾桶满溢、打架斗殴、人员摔倒、人员聚集、重点人群识别、公众场所吸烟、共享单车治理等情况进行自动报警、协同社区处理，可降低约60%的社区管理工作负担，取得了良好的社会效果。

万科城社区"5G智慧网格员"连通市、区级物联网管控平台，以创新数字化场景服务对辖区人、事、物进行智能识别和大数据分析，赋能社区治理，让"为群众办实事"活动落到实处，紧扣民生。通过"5G智慧网格员"进行数字服务和治理模式的实践与探索，为增强数字政府效能、推动全面数字化发展奠定基础。

3.2.4 信息时代的城市手机

从信息通信的角度，有人提出"多功能智能杆是5G时代的城市手机"。回顾手机的发展史：从使用1G通信技术进行简单通话，通过GSM数字网收发短信，到3G、4G网络时代通过无线通信与国际互联网结合处理多种媒体形式，提供多种信息服务，再走向5G时代，实现更高网速、低延时、高可靠、低功率的万物连接。多功能智能杆也经历了相似的发展历程，从照明、摄像、广播等单向功能的叠加，走向借助5G等新一代信息与通信技术实现城市信息高效采集、上传和下达，使城市中有价值的海量数据信息能够通过林立在街角路口的"城市手机"得以实时收集和发送，并汇总至城市管理中枢，成为城市管理决策的重要支撑。随着嵌入技术的发展与鸿蒙等操作系统的成熟，多功能智能杆从原来传感器的接入传输（功能机）转变成应用服务（智能机），逐渐成为信息时代城市的智能手机。此时，物联网关将会搭载统一的操作系统，利用统一的软件架构和开放的API，通过构建富有生命力的生态环境和价值链，吸引与推动各类物联感知业务应用APP的开发与共享，从而实现业务或应用的快速部署。

3.2.5 孪生城市神经元节点

城市物联为城市大脑学习、训练以及日常运作提供输入数据，城市数联为城市大数据实现数据拉通，而城市智联是指城市大脑针对物理城市现实刺激信息所作出的应激反应，其中最为关键与重要的是多功能智能杆物联网网关与边缘计算网络能够融为一体升级为神经元节点，通过装载城市大脑下发的AI算法，在边缘计算网络算力的加持下，对本地传感器采集的数据和其他关联神经元节点传递过来的数据（算料）进行转换、萃取和计算，最后根据计算结果动作，成为条件反射。此种情形下，多功能智能杆是数字孪生城市神经系统的神经元节点。

3.3 部署感知网络体系的最佳选择

和所有新兴事物一样，多功能智能杆自进入大众视野以来，有人受到鼓舞，也有人提出各种质疑：

第一，多功能智能杆与灯杆的本质区别是什么？仅仅是比灯杆多挂载了几种设备吗？

第二，多功能智能杆是伪需求吗？有哪些功能与价值？

针对第一个问题，前文已做出简要回答，多功能智能杆与路灯杆的本质区别在于其能作为感知底座，提供各类通信接口，促进传统杆体设备设施向网络化和智能化升级。其次，通过杆载网关的边缘计算能力、云平台的远程控制和人工智能赋能，边云协同，实现各类设备设施的有机整合，基于多功能智能杆在道路、园区、城市等多种场景中的空间布局搭建信息网络，提供多种创新智慧服务。

　　总体上，多功能智能杆构成了智慧城市的神经网络，实时收集的海量数据信息由神经末梢汇总至城市管理中枢，将成为城市管理决策的重要支撑。换言之，多功能智能杆具备信息采集、传递、发布和边缘处理等能力，可作为城市感知的"末梢神经元"与"城市大脑"平台相连，为其提供数据支持，这是多功能智能杆与传统灯杆简单叠加设备的根本区别。本节将对第二个问题进行重点讨论：伪需求的反义词是真刚需，多功能智能杆究竟能解决什么痛点、难点问题，成为智慧城市的真刚需？为什么谈感知网络体系就离不开多功能智能杆？

3.3.1 建设5G基站，多功能智能杆是天然载体

　　2022年是5G应用规模化发展的关键之年，我国将新建60万个以上的5G基站。多功能智能杆作为城市新型基础设施的代表之一，具有覆盖分布广、联网通电、多功能、多资源整合等优势特点，是构建智慧城市物联网感知层、部署智慧城市5G基站的最佳载体，有助于推动5G网络深度覆盖。

　　多功能智能杆以灯杆等杆站为基础进行建设，遍布城市的各类道路、街区、园区及公共场所，由点及线，连线成面，形成了覆盖城市的"毛细网络"，具有点多面广的天然优势，杆址资源与城市感知网点位需求高度契合，点位资源选择多，灵活性大。5G多使用中高频频段，高频虽改善了带宽及信道容量，却降低了衍射能力与穿透能力，信号衰减程度大，存在覆盖盲点。在城市中部署5G宏基站的密度需要比4G更大，因此给电信运营商带来了巨大的建网成本压力。微基站的出现解决了这一问题，它对宏基站难以覆盖到的位置进行补漏式组网，两者结合形成了超密集的异构网络，也提升了空间复用。另一方面，微基站造价低，部署灵活，同频干扰小，作为宏基站信号的延伸，可起到良好补充作用。智能杆"有网、有电、有杆"，且密度大、数量多、空间及高度合适，具有密集部署及盲点覆盖的天然优势，是微基站部署的天然站址。

3.3.2 提供稳定光电，感知设备的最佳能源保障

　　城市感知网络设备可采用电池供电、风光供电和电网供电等方式，各有利弊。电池供电，方便但不长久，需要定时更换电池；风光供电，施工容易但供电不稳定，光伏板可能还会占用大量土地；电网供电，供电稳定但建设成本高、工程协调难度大，南方某市公共安全视频监控系统平均每路摄像头供电建设成本超过1万元人民币。

　　城市传统道路照明系统在智能化改造过程中，通过将间断供电改造为24h不间断供电，或采用专用回路为多功能智能杆智能设备供电，从而为感知设备提供最佳的能源保障。另外，在城市道路改造过程中如果同步建设多功能智能杆和进行道路照明系统智能化改造、同步建设城市感知网专用供电回路以及同步敷设通信管网，单杆平均造价成本将大幅度下降。

3.3.3 推动多杆合一，打造美丽城市的必由之路

道路照明灯杆、交通标志标牌杆、信号灯杆、监控杆、路名牌杆、公共服务设施指示标志牌杆、电车杆、公交站牌杆、停车诱导指示牌杆……当今城市道路两侧的杆件林林总总、五花八门，不仅功能单一、形制多样，而且还重复建设、资源浪费、缺乏协同、管理分散；既占用了城市大量宝贵的土地空间资源，也影响了城市的市容市貌和老百姓的正常出行。

城市道路"多杆合一"，是以道路照明灯杆为基础，将公安监控杆、交通信号杆、通信杆、交通标识牌等整合为一体的综合杆，实现对资源的统一管理和调度。同时根据项目的实际需要，拓展5G/WiFi基站、视频监控、LED显示屏、环境监测、紧急呼叫、充电桩等应用。

建设多功能智能杆实现"多杆合一"后，可避免重复投资，减少道路反复开挖。根据深圳市某试点项目情况，按现有多功能智能杆建设标准开展多功能智能杆随路建设，可使道路杆体数量减少39%，有效缓解多杆林立现象，杆体共享率可达90%，有效减少杆体资源重复投资，避免因杆体及通信管道建设而造成的道路重复开挖现象。近年来，全国各地都在进行"多杆合一"改造，避免重复建设造成的资源浪费，效果显著，减杆率大多为60%[①]。

3.3.4 打造车路协同，多功能智能杆是必然选择

无人驾驶是集自动控制、人工智能等众多技术于一体的自动驾驶技术，按照国际自动机工程师学会SAE发布的等级指南，自动驾驶分为L1、L2、L3、L4、L5共5个等级，其中L1为辅助驾驶，L2为部分自动驾驶，L3为受条件制约的自动驾驶，L4为高度自动驾驶，L5为完全自动驾驶。L3是一个分水岭，对于L3以下级别，无论驾驶员是否开启支持功能，即使没有踩踏板也没有转向，也都是驾驶员在驾驶车辆；而对于L3及以上级别，无论驾驶员是否坐在驾驶位上都不是驾驶员驾驶车辆。为了规避法规风险，大部分上路的车将自己划为L3级别以下，现阶段大部分车辆的辅助驾驶功能属于L2级别。

在无人驾驶技术路线选择上，美国主攻"单车智能"，即仅靠车辆自身就可以实现无人驾驶，并不需要道路进行辅助。对于第一代无人驾驶技术路线，美国先发优势很明显，这是因为"单车智能"更依赖人工智能算法和高端决策芯片，这两个领域正好是美国科技企业的核心技术优势，因此以特斯拉为代表的美国科技企业都选择了单车智能模式。而我国选择"车路协同"，无人驾驶不只有车辆自己操作，道路还要配合在上面行驶的车辆，也就是在道路上安装许多传感器，全程给车辆反馈路况信息，辅助其完成无人驾驶。因而"车路协同"更依赖道路基础设施，比如5G基站、卫星互联网、道路上架设的传感器、边缘计算设备等，这些都属于新基建，恰恰是中国的强项。当然，车路协同和单车智能两者各有

---

① 数据来源：深圳市多功能智能杆运营主体项目报告。

优劣，并不矛盾，最理想的无人驾驶技术其实是把这两种技术相结合，取长补短，在安全稳定的同时还能保证驾驶自由。

打造车路协同系统需要在道路上按一定间隔部署路侧设备，包括路侧感知设备（IPC、雷达、RSU）、物联网关、网络设备以及边缘计算单元等，因而将道路上的路灯杆改造成多功能智能杆，用于挂载路侧设备就成了必然选择。2021年6月，世界第一条高智能道路在苏州相城区落地，具备智能基础的车辆驶入这条道路时都会询问车主是否需要道路提供驾驶接管，车主只需点击确认按钮，智能道路就能根据规划路径执行驾驶操作，告别拥堵和交通事故。在这条路上，每隔80m就需要部署一根智能灯杆，每根智能灯杆都配置豪华传感器、3个激光雷达和3个摄像头，还有一个毫米雷达，它们在5G网络下协同运作；每根智能灯杆下还配置了服务器，其依托边缘计算和云计算，能够在毫秒内调用千倍于单车智能的算力，所有这些缔造了这条完全数字化的道路。

3.3.5 智能化改造，传统道路照明系统的迫切需要

大部分城市现有道路照明系统控制，尚未实现联网控制与管理。传统的遥控、遥信、遥测等三遥系统是以区域为单位对照明设备进行远程开关灯控制的，只实现了回路级别的采集和控制，多数路灯的开关控制仍由每台变压器（配电箱）分散控制，无法实现对单灯进行实时控制与监控。因而，意外灭灯、意外亮灯无法第一时间获知；电缆被盗、灯具被损无法第一时间知晓，造成经济损失；信息化水平落后、手工录入、文档管理，导致家底不清，不利于运维养护。

传统道路照明控制系统不够敏捷，不能提供个性化照明方案且能源消耗高。部分地市路灯照明系统的开与关是通过微电脑时钟控制器来控制，时间偏差较大，不能精确控制，无法根据光照的变化（天气变化）自动调整，也不能根据道路使用者情况进行精确控制，过度照明或照明不足时有发生，不利于全社会的节能减排和碳达峰目标的实现。在重大节日、迎接宾客、举办大型活动等特殊情况也不能灵活控制，更不能提供个性化照明方案。

城市传统道路照明系统，以人工管理为主、控制系统不敏捷，已不能满足智慧城市发展的需要，迫切需要进行智能化改造。通过综合应用物联网技术和ICT技术，在网络互联的基础上，传统道路照明系统逐渐演进到智能照明管理系统，可以根据道路行人和车流量的变化，通过自动降低照明亮度或采用隔一亮一、隔二亮一、双臂灯单侧亮灯等自由组合的路灯控制方式，在满足市民生活需求和保证社会治安需求的前提下实现城市照明节能降耗；可以在减少控制人力的情况下实现对城市道路照明精细化动态管理，筛选、定位故障灯具，及时发现路灯故障、老化、短路及断路等问题。

篇章小结

在缘起篇中，笔者从新型智慧城市发展中的全面感知需求谈起，提供了业内对"感知网络体系"的初认知，提出了城市感知网络体系的概念，探讨了其作用和价值。基于城市感知网络体系部署的基本要求，提供了依托多功能智能杆这一感知载体建设感知网络体系的观点，深入浅出地介绍了多功能智能杆的"前世今生"，从搭载基站、提供光电、多杆合一、车路协同、智能化升级改造等方面，诠释了其作为部署新型智慧城市感知网络体系最佳载体的原因。

城市智慧升级的必经之路就是要具备"全息感知"能力，感知网络体系是智慧城市发展到一定阶段的必然诉求。智慧城市感知网络体系不是脱离实际的"空中楼阁"，而是可以基于已有信息技术落实到物理空间的城市级新型基础设施。下一篇，本书将通过"技术篇"向读者展现感知网络体系在技术操作层面如何成为可能，为读者搭建起感知网络体系的技术城堡。

第2篇

·

技术篇

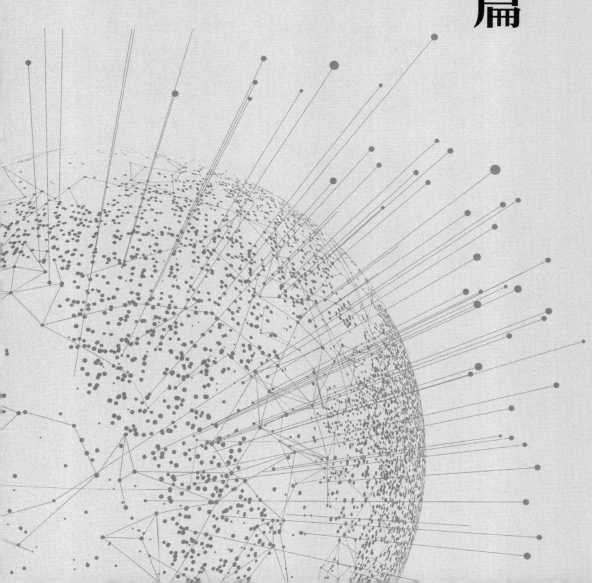

篇章综述

体系（System）是一个科学术语，泛指一定范围内或同类的事物按照一定的秩序和联系组合而成的整体，由不同系统组成。对于"城市感知网络体系"而言，其核心要素不仅仅是字面上提到的"感知"和"网络"，还包含通过传感技术采集、在网络管道中传输、通过平台汇聚形成资产并开放使用的"数据"，以及全要素的"安全"。

构建城市感知网络体系，就是把这四个"技术体系"统筹在一起，相互协调、相互促进、相互补充、相互强化，从而体系化地构建智慧城市感知交互能力，更好地支撑城市的智慧化发展。

从技术体系的关联来看，感知、网络、数据、安全四个技术体系都有其自身发展和演进的路线，并在各自领域发挥着价值，我们不可能重构一个新的体系去解决所有问题。因此，城市感知网络体系建设要做的不是"打破"和"重建"，而是以"技术"和"创新"为催化剂，把割裂的、独立发展的、互不协同的城市基础设施的各部分重新"粘合"起来，使其发生"化学反应"，真正释放出智慧城市的生命力。

在技术篇中，笔者将通过"城市的感知觉""敏捷灵活的感知网络""开放共享的感知平台""全要素安全"四个章节分别从感知、网络、数据、安全四个维度进行阐述，介绍这些技术如何在城市感知网络体系中发挥作用并带来价值。

城市感知网络体系部署落地的重要物理载体是多功能智能杆，以多功能智能杆为代表的城市信息基础设施遍布城市的各类道路、街区、园区及公共场所，由点到线，连线成面，形成了覆盖城市的"毛细网络"。技术篇最后一个章节将探讨如何把"多功能智能杆"升级成为城市"数字站点"，更好地汇聚技术、提升智慧化水平，并通过站点操作系统充分发挥其"城市锚点"的作用，使能各类智慧化应用场景，让智慧城市看得见、摸得着、感受得到。

4 架构设想：感知网络体系技术架构初探

在第1篇中，笔者尝试诠释了城市感知网络体系的概念："感知网络体系是整合计算技术、通信技术、物联感知技术和实体系统的智能体系。它强调网络空间和实体空间的深度融合，通过信息通信技术在网络空间实现对实体设备和运行进程的感知、数字化采集、数据化集成、智能分析及预判，从而达到优化配置的目标，实现网络空间与实体空间的自适应、自组织和自协调。"在本章中，笔者将结合智慧城市发展及以多功能智能杆为代表的城市信息基础设施建设情况，进一步探索城市感知网络体系的技术架构设想以及支撑其落地的核心技术能力。

4.1 城市感知网络体系总体技术构想

城市感知网络体系在规划设计上遵循的一个核心原则是：服务于智慧城市建设发展，与智慧城市的顶层设计相辅相成。

从智慧城市的发展来看，"城市大脑"或"城市中枢"演变到"城市智能体"，越来越强调城市物理空间与数字空间的协同以及城市治理过程中的闭环能力（图4-1）。这需要依托完备的边缘算力、网络联接和感知基础设施把"触角"延伸到城市的各个角落和场景空间，一方面通过空间全域感知及城市要素信息采集强化城市数字孪生建设；另一方面基于"触角"强化边缘处理及交互能力，更好地支撑城市治理的闭环处置并面向政府部门、企业

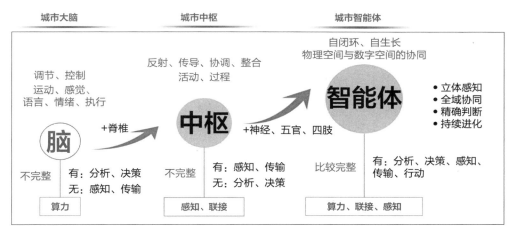

图4-1　智慧城市大脑、中枢、智能体的演进

（图片来源：笔者自绘）

提供更加丰富的智慧化业务。

　　从全国智慧城市建设和推进情况来看，深圳、北京、上海等各大城市在初期基本都呈现出城市平台优先（城市级政务云平台及数据中心建设）、政务服务优先（如首先聚焦政府服务能力、效率及体验的提升）、存量数据优先（如由大数据局/政数局等政府单位牵头汇聚和打通分散在其他局委办的政务数据）的趋势和规律，并初步起到了很好的效果。与此同时，越来越多的城市政府部门开始关注城市的智慧化如何产生更广泛的价值，真正做到"善政、兴业、惠民"。比如，深圳智慧城市（鹏城自进化智能体）提出建设"天地空三位一体"的城市泛在感知网络，以此强化城市感知交互能力的构建并更好地实现产业与公众智慧化服务，打造全面感知的"活力"城市；北京发布《北京新型智慧城市感知体系建设指导意见》来统筹强化城市感知能力的建设等。

　　因此，城市感知网络体系规划设计的核心理念是：以智慧城市感知交互能力的提升为目标，通过"体系化"的思维进行城市信息基础设施统筹规划，以"算力、联接、感知等核心技术"和"场景化智慧应用创新"为催化剂，把分散、独立、互不协同的城市感知能力及感知数据融合起来，形成一套完整的感知网络体系并逐步完善迭代，推进智慧城市建设步入下一阶段，并真正释放出智慧城市的生命力。

　　从技术与架构视角看，城市感知网络体系主要包含：感知终端、感知边缘、感知网络、感知平台和感知应用五个部分。以数据为基础，AI算力为核心，5G联接为通路，云计算为基座，应用是关键，构建一个感知融合互通、物联多样接入、云边AI协同、回传灵活可靠、应用敏捷创新的开放、智能的系统。图4-2是智慧城市感知网络体系架构设想。

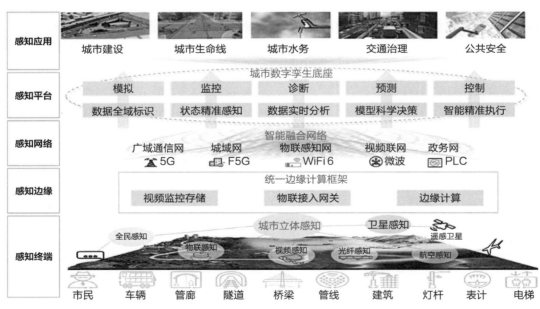

图4-2　智慧城市感知网络体系架构设想
（图片来源：笔者自绘）

感知终端和感知边缘共同构成了智慧城市的感知交互层。感知交互层是城市物理世界和数字世界的联接点，是能够立体化、全要素感知城市的神经元，通过各种智能终端实时感知城市的运行状态，感知城市中的人和物，并与它们实时交互。其中感知终端包含感知载体及其挂载的终端设备和传感器，感知载体除了城市多功能智能杆站，还可以是城市管廊管线等；感知边缘包含网关形态的边缘、一体化智能的边缘及超融合的边缘。

感知网络依附于智慧城市的智能联接，共同构成了城市的躯干，通过以5G、F5G、千兆WiFi为代表的新一代联接技术，让城市实现高速网络全域覆盖，真正实现万物互联，为千行百业的创新赋能。感知网络更加侧重城市物联感知的全覆盖以及感知数据的可靠、敏捷回传。

感知平台是智慧城市智能中枢的一部分，基于智慧城市数字底座，在打通城市数据孤岛、实现全域数据共享和流动的基础上，围绕动态、实时的城市运行及感知数据，结合AI算力及算法更加精准地支撑和实现各专业领域的业务创新与决策。

感知应用则是感知网络体系的价值呈现，在城市"人""车""事""物"更加全面及时地感知基础上，结合政务、交通、应急、城管、环境、自然资源等行业场景诉求，为智慧城市的建设发展注入新动能，进一步推进智慧城市面向城市治理、民生服务和产业发展三大方面，实现"智慧"的普惠。

4.2 感知网络体系的四大基础技术能力

感知网络体系包含的各种技术运用与城市运行的方方面面息息相关，在智慧城市应用爆发的当下，涌现出的海量需求正在以极高的效率推动感知技术快速迭代并不断创新。正是这种相辅相成的共生关系，促使整个智慧城市体系不断得以完善。感知网络体系从感知、网络、数据、安全四个方面构建面向智慧城市全领域和多维度的技术能力，同时优先以城市多功能智能杆为载体，持续完善并发挥出其价值。

4.2.1 感知能力：融合感知创新与感知交互运用

感知能力是整个体系的核心，通过对前述城市感知的需求分析，我们知道面向城市的综合需求，感知能力要构建在复合对象基础上，形成融合感知的新局面；同时，感知需要从单纯的通过引入传感、物联接入、边缘计算等技术获取信息，向具备信息处理能力的"交互"模式演进；最后，感知通过引入人工智能等技术，在感知反馈机制上形成全新的"自闭环"模式。

4.2.2 网络能力：边端敏捷互联与基于F5G的弹性组网运用

网络能力是整个体系的血脉，面向全新的复杂需求和城市多样化的用户体系，满足不同层级、不同目的、不同类型、不同场景的感知数据传输对网络环境提出了全新的挑战。针对末梢网络传输场景，边缘感知网络组网和回传网络的创新聚焦在网络时延和可靠性保障方面；面向多层级的传输，F5G和弹性组网等技术的引入是高效网络利用的保障。

4.2.3 数据能力：数据的采存算管用与开放共享

数据能力是整个体系的血液，是对整个智慧城市最具有"营养"的成分。感知数据作为城市管理和服务最重要的基础，技术层面从数据集成采集、数据交换与共享、数据资产应用开发三个方面进行创新。数据集成采集从物联设备数据集成、异构数据的集成、消息数据的集成以及集成资产的业务流编排方面构建能力；数据交换与共享和数据资产应用开发层面主要依托可编排技术满足定制化共享需求。

4.2.4 安全能力：全要素安全和体系化安全方案与机制保障

安全能力是整个体系的免疫系统，保证了整个体系可持续地运营。作为支撑智慧城市的关键基础设施，安全挑战复杂多变，在部署安全防御系统、加强网络安全管理、构建安全管理制度的基础上，还需要建立统一的安全管理与监控机制，实现统一配置与调控整个网络多层面、分布式的安全问题，提高安全预警能力，加强安全应急事件的处理能力，实现网络安全的可控性。

城市感知网络体系作为一个"体系"具有完备性和系统性，但城市发展具有其自身的规律。在当前城市发展阶段，感知网络体系落地探索的重要实践基础应该具有如下特征：技术相对成熟有保障，在市域范围覆盖广泛，具备通电和通网等基础保障，具有一定的现状基础等。

多功能智能杆作为同时具有上述特征的基础设施形态，是当前城市感知网络体系的最佳载体。多功能智能杆同时还具有基于边缘计算、云网协同、站点OS生态实现各种应用场景的智能联动与交互功能的可能，具备端、边、云智能赋能场景和本地业务自闭环处理能力，能够有效提升城市民生服务、应急事件处理、疫情防控疏导、事件快速响应等方面的治理服务水平。因此，以多功能智能杆为载体可以更好地汇聚技术，立足"城市数字锚点"的定位，开展丰富的场景化业务创新。

4.3 感知网络体系技术架构

城市感知网络体系的规划和建设需要充分考虑国内城市信息基础设施建设节奏、智慧城市的发展现状与路径以及关联信息技术成熟度。因此在现阶段，笔者将优先聚焦"感知交互（终端+边缘）、感知网络、感知平台、感知安全"四个关键技术领域来打好城市感知网络体系建设的根基，同时持续推进"感知标准"的完善以及"感知生态"的发展和壮大。

这四个关键技术领域的关联关系以及在参考技术架构中的位置如图4-3所示。

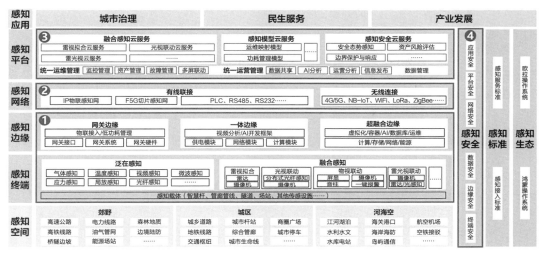

图4-3　感知网络体系参考技术架构

（图片来源：笔者自绘）

4.3.1　感知交互：构建城市的"感知觉"

感知设备是城市"感知觉"能力的承载体。主要依赖智能感知技术，将物理空间的信号通过摄像机、雷达、广播音柱或其他传感器的硬件设备，借助物联接入、音视频智能识别等AIoT技术，映射到数字空间，主要分为传感类、物联接入类、边缘计算类。构建城市"感知觉"的核心要素包含：

（1）以机器视觉为核心、多传感手段相结合，构建泛在感知和融合感知能力。

（2）以物联网关为抓手，构建极简物联接入、体系化感知物联规划及全域覆盖能力。

（3）以边缘AI为技术牵引，释放交互式应用场景创新潜力，提升智慧化服务水平。

4.3.2　感知网络：构建敏捷、灵活、可靠的感知网络联接

感知网络通过有线可靠联接和无线敏捷联接两种方式，将物理空间上分布的各种类型的感知设备组成一张自治网络，实现感知数据的汇聚、回传和在体系内传输等，并支撑场景化的业务交互。有线感知网主要是IP工业交换网络和F5G无源光网络，无线感知网包括4G/5G、NB-IoT等，另外自治网络也依赖后端的统一网络优化管理平台。构建城市感知网络的核心要素包含：

（1）感知边端的低成本灵活组网及多技术协同能力。

（2）基于F5G与弹性组网技术的可靠组网及综合承载能力。

（3）网络的持续扩展、技术演进及统一网络管理能力。

4.3.3 感知平台：构建开放共享的感知平台

感知平台基于云、大数据、IoT互联网三大基础技术，针对泛在感知的运营，实现感知设备的统一接入、管理，感知数据的统一汇聚、治理和服务，形成感知数据汇聚与服务共享资源池，为各类感知应用提供服务化的支撑。构建城市感知平台的核心要素包含：

（1）感知网络数据与平台能力的共享与开放。

（2）感知平台的统一运营支撑及数据资产管理能力。

（3）基于数据计算、AI算法的数据加工与感知应用开发能力。

4.3.4 感知安全：构建体系化的全要素安全能力

感知安全是感知网络体系中的重要一环，端到端的泛在感知安全体系包括泛网络安全（终端安全、网络安全、物理安全）、数据安全、应用安全等。构建体系化全要素感知安全的核心要素包含：

（1）基于硬件+软件的体系化安全防护能力。

（2）底层安全技术及系统的国产化能力。

（3）持续完善的安全标准、规范及隐私保护机制。

融合感知：构建城市的"感知觉"

感知觉分为感觉和知觉。感觉是大脑对作用于感官的客观刺激事物个别属性的反应。知觉是人对客观事物刺激整体属性的反应。只有通过感觉，才能进行复杂知觉、记忆、思维等活动，从而更好地对客观事物进行反应。

这里引用生理学上对于感觉和知觉的诠释。感觉产生的生理学机制是：感受器—传入神经—神经中枢—传出神经—效应器。知觉产生的生理学机制是：大脑皮质许多区域协同效应，对感觉信息分析处理，使信息更有意义并作出相应的反应。所以，感觉是知觉的基础。

"感知觉"能力的核心是要能够实现"闭环"。在智慧城市规划与建设中，城市感知一直是行业技术研究和探索的重要方向。本章从传感技术、物联接入技术、边缘计算三个方面展开，从落地实施角度探讨如何构建一个可以闭环的城市感知觉体系。

5.1 传感技术赋能智慧城市

在智慧城市以及城市物联网的发展和演进过程中，传感器是城市景观中隐藏但无处不在的重要组成部分。作为城市感知网络体系的重要基础，传感终端的多样化发展不仅为数字孪生城市提供更加全面的数据支撑，为城市治理提供更加多样化的手段，而且能够为市民提供更加丰富和智能化的服务体验。

5.1.1 描绘城市数字底板

数字孪生城市是在城市累积数据从量变到质变，感知建模、人工智能等信息技术取得重大突破的背景下，建设新型智慧城市的一条新兴技术路径，是城市智能化、运营可持续化的先进模式，吸引高端智力资源共同参与，从局部应用到全局优化，持续迭代更新的城市级创新平台。

国家在"十四五"规划中重点提出要提高城市治理水平和数字政府建设水平，其核心是要加速推进智慧城市进入数字孪生新阶段，助推城市治理水平的提升。

数字孪生城市建设需要围绕三大重心：城市要素数字化、城市全网感知、人工智能（图5-1）。具体实施则遵循三大步骤：构建数字孪生城市底板，建成高精度数字孪生城市信息模型；将区域的人、物、事件等城市要素数字化，完整地映射在城市信息模型中；通过"虚实对应、相互映射、协同交互"，实现感知各类主体的脉动、城市要素全生命周期管

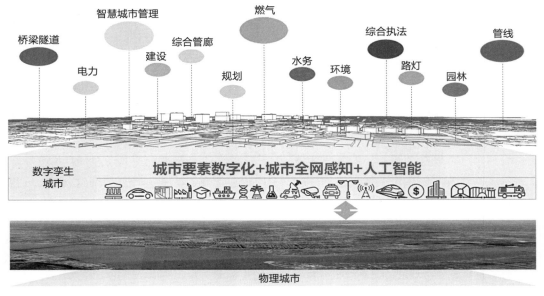

图5-1　数字孪生城市建设三大重心

（图片来源：笔者自绘）

理、实时可视和双向交互的城市的最优化运作。

可以看出，数字孪生城市的基础是首先描绘城市数字底板，构建数字孪生城市的信息模型。这里会用到多种信息感知技术，比如：通过卫星、无人机、视频网络等手段可以获取到城市与城市群的地貌、自然地表要素、空间布局等基础信息；结合移动测量车、无人机倾斜摄影、定点视频采集等手段，可以进一步完善更加复杂及多样化的城市场景要素信息，同时将城市规划及建设的基础数据信息加以利用。基于这些由"静态数据"构成的城市要素信息进行建模，就可以形成一个城市数字底板雏形。

要进一步完善城市数字底板，还需要叠加更加丰富、全面的"动态数据"信息来为城市"画像"。从智慧城市的治理、运营管理及智慧化应用与服务角度来看，需要通过更加丰富完备的视频、传感及物联网络对城市中的道路、街区和公共空间以及人、车、物、事等目标进行覆盖与联接，实现动态实时数据的采集与场景化交互。

所以说，依托城市感知网络体系的统筹规划可以更好地运用并发挥传感技术价值，支撑并促进城市数字孪生的实现。以多功能智能杆为数字锚点实现城市感知在空间上的最大化覆盖，同时基于多种传感技术手段不断向外延伸感知覆盖的范围和应用领域，逐步实现城市"天地空"三位一体的泛在、全面立体感知。

5.1.2 编织城市传感网络

2020年8月，Frost & Sullivan的分析显示，新兴传感器技术将颠覆未来的智慧城市。数字化和物联网（IoT）的进步正在推动传感器技术在城市中大规模采用，再结合人工智能（AI）

和5G高速网络等关键支持技术，城市中的集成传感器网络正在推动互联城市生态系统的构建，以实现公共资源的最佳利用。

传感器网络通常包括3D摄像头传感器、激光雷达、雷达、声学、环境传感器、流量传感器、气体传感器及湿度和温度传感器等。集成的传感器系统有助于与应用程序和集中式平台建立无缝互连的网络。为某一目的而建立的传感器网络（例如路灯）可以启用其他几个连接的应用程序，例如环境监控、公共安全、集中式网络将有助于减少重复的资金成本，并且不需要多个单独的复杂网络①。

集成传感器网络在智慧城市中的运用重点需要考虑具体的城市应用场景需求以及传感器本身的技术特点。从当前智慧城市感知终端的应用场景来看，大致可分为：视频感知类（如：各类摄像头）、专用感知类（如：RFID射频标识、定位、环境/力学/声学等MEMS微机电系统传感）等。

（1）视频感知

智能视觉物联网是未来物联网的重要组成，其对视觉感知的人、车或其他物件等目标赋以"身份"的标签，并识别目标的实际"身份"。利用网络化特点对目标标签进行关联，有效地分析目标标签物体的实时状态，感知各类异常事件，就异常事件的发生向相关受体发出自动警示。

视频感知的典型应用包括面向公共平安的物联网"三网合一"人脸识别系统平台（针对"人"类型的视觉标签），其中"三网合一"融合电信网、互联网、电视网，它支持移动终端、固定终端、视频终端的视觉或图像设备，实现反恐身份识别、电子商务、身份管理。在智能交通领域的应用（针对"车"类型的视觉标签）包括车辆违规违章管理等。未来发展的更高境界是智能视觉物联网综合应用系统平台。

（2）专用感知

射频识别技术（RFID）：RFID属于物联网的信息采集层技术。在我国，RFID已经在电子收费系统和物流管理等领域有了广泛的应用。虽然RFID技术市场应用成熟，且标签成本低廉，但RFID一般不具备数据采集功能，多用来进行物品的身份甄别和属性的存储，且在金属和液体环境下应用受限。

微机电系统（MEMS）：微机电系统（Micro Electro Mechanical Systems，MEMS）是指利用大规模集成电路制造工艺，经过微米级加工得到的集微型传感器、执行器以及信号处理和控制电路、接口电路、通信和电源于一体的微型机电系统。

MEMS技术近几年的飞速开展，为传感器节点的智能化、小型化、功率的不断降低制造了成熟的条件，目前已经在全球形成百亿美元规模的庞大市场。近年来更是出现了集成度更高的纳米机电系统。MEMS技术具有微型化、智能化、多功能、高集成度和适合大批量生产等特点，属于物联网的信息采集层技术。

---

① 传感器网络定义来源：传感器专家网《颠覆未来智慧城市的四大传感器技术》。

全球定位系统（GPS）：GPS（Global Positioning System）是具有"海、陆、空"全方位实时三维导航与定位能力的新一代卫星导航与定位系统。GPS测量技术能够快速、高效、准确地提供点、线、面要素的准确三维坐标以及其他相关信息，具有全天候、高精度、自动化、高效益等显著特点，广泛应用于军事、民用交通（船舶、飞机、汽车等导航）、测量、摄影测量、野外考察探险、土地利用调查、农业以及日常生活（人员跟踪、休闲娱乐）等不同领域。GPS作为移动感知技术，是物联网延伸到移动物体采集移动物体信息的重要技术，也是物流智能化、可视化和智能交通的重要技术。

不同种类传感终端需要基于城市感知网络体系进行统筹聚合，编织成网才能发挥出最大的价值。北京市在2022年3月发布了《北京新型智慧城市感知体系建设指导意见》，其中基于感知数据的形式和特征，把感知体系分为了"城市影像（视频监控）"和"城市脉搏（传感、定位、射频识别）"两类分别开展设计和管理，同时为城市感知网络体系在感知终端侧的应用分类和政府推进管理提供了借鉴。

—————— 专栏 ——————

《北京新型智慧城市感知体系建设指导意见》感知终端分类参考

四、分类开展感知体系规划建设与管理

感知终端按技术特点大致可分为视频监控设备、传感器、定位设备和射频识别设备等，基于感知数据的形式和特征，感知体系可按照城市影像（视频监控）和城市脉搏（传感、定位、射频识别）两类分别开展设计和管理。

城市影像（视频监控）类感知体系依托全市"雪亮工程"领导体系进行统筹管理，开展视频感知系统建设现状分析，重点筛查过度配置、重复建设、感知盲区、盲目架杆等问题，问题导向式完善全市视频监控感知体系顶层设计，制定视频感知终端建设指南和编码规则，建立全市视频感知设备"一套台账"，明确申请准入、退出、使用等业务流程规范，以及建设标准和技术限定指标等，统筹指导全市视频感知终端建设工作。

城市脉搏（传感、定位、射频识别）类的感知体系建设，按照社会安全、城市管理、城市交通、自然环境、大气生态等行业进行划分，由各行业主管部门牵头统筹开展行业感知体系建设，完善本行业感知体系顶层设计，明确终端编码规则，摸清终端家底，制定建设标准和技术限定指标，明确申请准入、退出、使用等业务流程规范，以及相关单位终端建设边界和范围，统筹推进行业内感知终端建设工作。

内容来源：北京市人民政府门户网站。

5.1.3 机器视觉与雷达：不断强化的城市感知主力军

依托不同类型的传感器可以提升智慧城市运行过程中部分场景化应用的智慧化能力，其中机器视觉能力采集获取的视频和图像信息数据则形成了完整的"城市影像"，构成了城市感知网络体系中最重要和广泛的信息基础。

结合传感器在智慧城市建设过程中的应用范围和作用价值，笔者认为未来视频与雷达类传感器将发挥更加广泛的价值。

现如今，视频监控广泛应用于大家所熟知的交通管理、城市治安、区域安防等诸多领域。同时，视频监控作为一个细分的行业领域，随着网络技术、人工智能、云和大数据等变革技术的发展，经历了模拟CCTV（闭路电视）时代、数字监控时代、网络视频监控时代以及智慧视频监控时代的持续演进。

如果跳出视频监控行业的现有脉络，从智慧城市和城市感知网络体系的更高维度去审视，视频监控系统，或者说机器视觉系统，将成为物联网时代信息产生的主要渠道之一，其也将从只具备视频监控、调取查证乃至简单的智能分析等传统安防功能，进化成为物联网时代万物互联系统及城市感知网络体系的"眼睛"，从信息的感知、生产、分析、机器协同等领域，发挥前所未有的作用，就像手机从传统功能机向智能手机进化一样，为人类社会带来巨大的价值。

对于机器视觉，大家熟知的一个应用场景是自动驾驶。人或动物是通过两只眼睛来实现对外界的感知，摄像头的作用与之类似，特斯拉推崇以计算机视觉为主的自动驾驶解决方案，这样的传感器特斯拉有八个。通过摄像头和神经网络，未来汽车能够像人类一样自动驾驶。虽然雨雪天的确会增加驾驶难度，比如路牌被雪遮住一部分，但人类通过视觉能做出判断，并且相对安全地驾驶，那么经过大量充分训练的神经网络同样也可以做到。

机器视觉不仅依靠传统可见光，还可以通过非可见光光谱捕捉信息。比如在高光谱成像应用场景中，传统相机图像由红、绿、蓝信号产生，通过将三种光组合可以出现多种颜色。而高光谱成像收集和处理来自电磁波谱的信息，其比可见光要广泛得多，光谱的其他部分可以提供有价值的信息。例如，短波长的X射线能够穿透物质并提供物体内部结构的视觉图像；长波红外辐射，可用于热感测或夜视。当前主要应用在如下专业场景：

（1）遥感：卫星或无人机上的高光谱相机从上方收集视觉信息，可用于陆地石油勘探的地表扫描、水和海岸管理（如叶绿素含量）等；

（2）工业质控：检测材料缺陷、食品药品和自动垃圾分类等；

（3）医学：疾病诊断和图像引导的外科手术。

上述特质使得机器视觉可以在城市感知中具备更加广泛的应用基础及场景化创新潜力。

在当今科技行业内有一个共识：机器视觉技术虽然发展迅速，但还不够完善。更多复杂的应用场景需要视频感知与其他感知手段相结合共同实现。以自动驾驶为例，机器视觉还要用到激光雷达（或雷达）技术。大多数自动驾驶汽车都会搭载三类传感器：摄像头、毫米波雷达和激光雷达。下边介绍两种雷达的特点及应用。

毫米波雷达工作在毫米波段。通常毫米波是指30G～300GHz频段（波长为1～10mm）。毫米波的波长介于厘米波和光波之间，因此毫米波兼有微波制导和光电制导的优点。同厘米波导引头相比，毫米波导引头具有体积小、质量轻和空间分辨率高的特点。与红外、激光、电视等光学导引头相比，毫米波导引头穿透雾、烟、灰尘的能力强，具有全天候（大雨天除外）、全天时的特点。另外，毫米波导引头的抗干扰、反隐身能力也优于其他微波导引头。

激光雷达可以说是自动驾驶的"眼睛"，能够采集环境信息并识别物体和危险状况。相比毫米波雷达和摄像头，激光雷达能通过发出激光信号，根据发射的信号数量，判断周围故障物体所处位置及运动轨迹，从而建立一张车辆周边环境的3D图像。在针对远、小障碍物以及近距离加塞等场景时，激光雷达拥有精确的角度测量能力和轮廓测量能力，能够轻松识别这些场景，使得自动驾驶更加高效安全。

在未来的智慧城市应用中，多传感技术融合及拟合技术是下一步持续发展的方向。比如在城市边海防应用场景，需要雷达与视频数据相结合，通过雷视拟合及后台AI处理来提供更加精确的应用效果。类似的融合感知技术也会在城市感知网络体系中得到更广泛的应用并产生更大的价值。

5.2 物联接入技术

物联终端是城市物联感知网络的"末端传感"，连接着物理世界和数字世界。从应用部署场景上主要分为两类：室内为主的智慧园区物联感知类终端，外场为主的多功能智能杆站物联感知类终端。这些终端部署在不同的网络环境中，有室内也有室外，有固定的也有移动的，根据场景不同需要选择合适的网络联接方式。

目前物联感知终端可通过有线和无线方式接入感知网络，有线接入方式基于不同的接口技术包括光接口、RJ45接口、RS485/RS232串口、DIDO接口、AIAO接口等，当前终端IP化趋势日趋明显，未来RJ45接口和光接口会逐渐成为主流，RS485/RS232串口、DIDO接口、AIAO接口则主要用于传感器类等低速感知终端接入。无线接入方式基于不同的无线传输协议包括NB-IoT、ZigBee、RFID、蓝牙、LoRa等，其中NB-IoT当前需要通过运营商网络。智慧城市拥有完善的技术设施，由于有线接入具有可靠性强、抗干扰、大带宽、易运维的优势，推荐物联感知接入以有线接入为主，无线接入为辅。

5.2.1 城市物联发展技术趋势：简单、安全、智能

随着经济社会数字化转型和智慧城市建设的步伐加快，物联网已经成为城市新型基础

设施的重要组成部分。国务院、各部委近几年也纷纷发文强调要提高物联网在公共服务等领域的覆盖水平，增强固移融合、宽窄结合的物联接入能力，加速推进全面感知、泛在联接、安全可信的物联网新型基础设施建设，推动物联网全面发展。

城市物联网在过去几年快速发展的同时，带来的问题是不同政府职能部门及建设主体采用不同厂家的系统和终端，标准各不相同，对接困难，统一管理困难。同时城市中的物联终端类型多、分布广、区域开放，存在安全风险大、运维困难等问题。一旦遭受攻击，威胁容易迅速扩散和蔓延，发生故障后，也很难迅速定界定位。

因此，下一代城市物联网将围绕"更简单""更安全""更智能"三个方向持续演进发展。

更简单：面向复杂的物联网环境，提供更简单的组网、更简单的设备互通、更简单的设备管理功能。

更安全：面向安全防护能力弱的物联终端给网络带来了安全风险，提供更安全的接入、更安全的通信、更安全的管控措施，让整个网络安全尽在掌控之中。

更智能：面向物联业务对边缘业务存活、通信稳定可靠、云化统一管理等个性化需求，提供更智能的边缘网关策略、更智能的通信保障、更智能的云化管理等功能。

5.2.2　物联接入的核心挑战

物联接入技术需要首先围绕"更简单"发挥价值，解决好如下三个方面问题：由于网络接入方式各异，造成联接配置困难、网络部署复杂等问题；由于传输协议各异，不同类型的终端采用不同的物联网协议，造成难以互联互通等问题；由于多张子系统的异构网络，造成物联终端无法统一呈现和管理、联接状态和质量问题无法感知等问题。从问题出发，物联接入需要依托智慧网关构建三个关键能力：

一插入网：面向众多物联终端，基于联接 IP 化技术，对末端物联网络实现少线化、无线化极简组网，基于边缘网关的自动发现与终端识别，实现即插即用、安全接入功能，从而实现终端的极简开局、安全开局。

一跳入云：面向七国八制的物联设备协议，基于边缘网关设备，对接入的物联设备协议进行转换，实现从"物联设备的OT指令"到"应用系统的 IT 对象"的数据转换，统一为标准物模型数据，从源头数据归一化，实现设备与云的直接互通。

一网可视：对于物联设备、网络设备割裂管理，基于网络接入设备对物联终端的感知能力，实现一网到底的可视化呈现，实现网络与物联终端的统一拓扑和统一联接状态的管理（包括位置、状态、协议、流量、网络质量）。

5.2.3　物联接入的核心：智慧网关

智慧城市多功能智能杆一般有完善的供电和网络基础，那么作为核心设备的智慧网关可以发挥哪些作用呢？多功能智能杆上通过部署智慧网关实现各种物联感知终端的统一接入以及接入认证（防止私接和仿冒），同时智慧网关可扩展无线模组实现无线终端接入以及无线回传（无线作为有线的备份）。出于数据安全考虑，智慧网关可以支持加密传输，随着感知网络对智慧城市治理的重要性日趋提升，智能网关逐步通过扩展边缘计算能力支撑边缘智能，满足核心的智能照明、LED显示屏等终端控制、摄像头和紧急求助终端联动等功能部署在边缘（支持云边协同），避免中心云平台故障导致核心业务中断。

随着工信部推进IPv6在物联网的规模部署和应用，终端、智慧网关支持IPv6逐渐成为主流。另外，在"多杆合一"的大背景下，多功能智能杆会面向多个政企客户提供终端挂载以及网络服务，智慧网关可以为支持多用户业务隔离提供可行的实现方式。

可以看出，智慧网关是依托多功能智能杆实现物联感知终端多样化接入、路由交换、边缘自治的核心，需要满足多功能智能杆部署场景多样化与物联感知终端多样化的需求，使得多功能智能杆可以灵活挂载不同物联感知设备组合提供视频监控、环境检测、智慧照明、车路协同、公共服务等不同功能。

从物联感知终端接入、感知数据汇聚和回传、边缘自治等需求考虑，智慧网关在产品设计上应该能够支撑物联感知终端统一接入，提供多样化接口，同时支持可靠组网与物联终端接入认证及加密传输等安全能力，能够支持扩展集成边缘计算模块并提供边缘计算管理平台与系列化智慧网关，能够支撑IPv6在物联感知网规模部署与应用，最后要具备自主可控的物联操作系统。同时，智慧网关还应具备高可用性、易用性、可靠性，可实现标准化终端身份认证和网络访问权限管理、操作审计等应用及安全管控能力。

智慧网关提供物联感知设备的代理功能，向管理平台提供感知数据和终端控制服务，上级域为管理平台，父结点为汇聚设备，子结点为各感知终端设备。智慧网关和多功能智能杆管理平台之间可通过有线或无线传输。杆和杆之间的智慧网关可组成局域网，可环形或者星形组网。

依托城市多功能智能杆部署智慧网关单元，既需要具备物联网关统一接入、安全可靠传输及组网等基础功能，也需要满足不同应用场景下对兼容性、扩展性、边缘计算机AI处理能力等的需求。智慧网关核心功能参考见表5-1。

智慧网关核心功能 表5-1

分类	功能	参考功能描述
网络接入	统一终端接入	支持不同接口类型感知设备统一接入，支持千兆以太网光接口、万兆以太网光接口、GE网口、RS485/RS232接口；可支持AI/AO接口、DI/DO接口、PCIE接口、USB接口等；RJ45网口支持POE++供电；支持对照明、监控视频、信息发布、环境监测、气象监测、公共广播、一键呼叫、无线电监测等挂载设备的接入和控制
	接入认证	智能网关设备应具备终端的安全接入认证和隔离的能力，对接入网关的摄像头等终端进行白名单等认证，非白名单终端禁止接入，对仿冒和篡改的恶意终端进行识别并在接入端口上剔除、隔离

分类	功能	参考功能描述
安全连接	加密传输	数据传输进行软件或硬件加密，采用国家密码局认定的国产密码算法，兼容目前国际主流的加密算法
	可靠组网	智能网关之间应支持组环网，实现环网保护，在网关和链路失效的情况下，提供备份冗余链路，实现可靠性的提升
边缘处理	边缘计算	智能网关应支持Docker等容器运行，配套提供边缘计算资源管理（虚机管理、容器管理）、边缘APP管理（APP加载、卸载、监控等）平台；边缘计算需配套开放OS以及SDK，支撑感知网络生态构建（物联APP快速开发以及移植等）
	边缘智能	应具备本地网络管理功能，能去中心化后独立管理单根杆或多根杆的所有挂载设备，实现挂载设备间互联互通、事件联动、离线规则管理；智能网关之间可自协商主设备管理、数据冗余热备、离线规则及事件联动
系统兼容	兼容主流协议	智能网关应具有良好的协议兼容性，其中北向接口支持HTTP、SOAP、MQTT、COAP等主流协议，南向接口支持Modbus、OPC、BACNET、MQTT、HTTP、ONVIF等主流协议方式
	软总线能力	智能网关应支持网关之间的数据层互通、协同，支持物联数据在不同网关、APP之间的交换，实现在网络和上层管理应用平台处于不可用状态时，能保证区域内需要跨网关协同的基本业务功能不受损
扩展能力	无线扩展	支持扩展和兼容无线通信终端模组，包括Zigbee、蓝牙、RFID等，可扩展支持LTE、5G通信模组，作为有线网络的备份
	定位功能	可支持扩展GPS/北斗定位功能，预留外接GPS/北斗天线接口
	终端即插即用	智能网关应和管理平台协同，实现终端即插即用，避免不必要的人工配置和干预，提升部署和维护效率
	支持IPv6/IPv6+	支持IPv6终端接入以及IPv6路由转发，支持基于网络切片技术实现多个用户感知终端业务隔离，保障重点用户业务体验

　　智慧网关作为一款户外部署的ICT设备产品，还应该满足工作温度、湿度、盐雾防护等国家工业级设计标准，以及电磁兼容性、供电可靠性及安装方式等相关标准要求。

5.3 边缘计算

　　边缘计算（Edge Computing）是指收集并分析数据的行为发生在靠近数据生成的本地设备中，而不是必须将数据传输到计算资源集中化的中心进行处理。边缘计算首先通过在WAN网络上虚拟化网络服务而出现。随着新的边缘计算能力的出现，边缘计算不需要再构建集中的数据中心，而是具有创建数千个潜在的可应用的大规模分布式节点的能力。

　　在数字化与万物互联的催生下，边缘计算的概念不断发展。从2013年IBM与Nokia Siemens推出计算平台，向移动用户提供计算业务开始，到2014年欧洲电信协会（ETSI）成立移动边缘计算规范工作组，正式宣布推动移动边缘计算标准化，其中心思想就是把云计算平台从核心网络迁移到移动接入网边缘，实现计算资源的弹性使用，接近用户与数据，实现时延低、带宽高的高服务质量和绝佳的用户体验。2016年11月，华为技术有限公司、中国科学院沈阳自动化研究所、中国信息通信研究院、英特尔、ARM和软通动力信息技术（集团）等在北京成立了边缘计算产业联盟（Edge Computing Consortium，ECC），致力于推动"政产学研用"各方产业资源合作，引领边缘计算产业的健康可持续发展，助力中国发展边缘计算。从计算的发展规律来看，算力与处理从集中到分布，进一步得到了验证。各行各业皆开始拥抱新的计算架构。

5.3.1 边缘计算的价值与智慧化发展

随着数字化转型与万物互联的来临，以及5G、大数据、人工智能等信息技术的发展，云计算的可扩充算力，逐渐走到贴近现实场景的应用中，时延已经无法满足，且网络和应用的增长对IP网络需求有了重大影响。其中数字化提升网络建设与应用发展的同时，数据呈爆炸式增长，据国际数据公司（IDC）预测，全球智能终端接入数量将从2020年的500亿个增长到2025年的1500亿个，物联设备的增多，导致网络开始承受巨大的压力，网络架构需要满足超大连接、超低时延以及超大带宽等需求，因此边缘计算得到了关注。

如果将这些设备产生的数据全部传输到云端，对网络带宽、网络流量的成本控制和云端存储能力都是巨大的挑战。在实际业务场景中，一些应用需要及时响应。例如智慧城市的道路两侧路灯杆上安装传感器，便于收集城市路面信息，同时能监控低洼地区淹水情况。在极端气候的场景，实时监控监测为紧急应变处理措施提供更多的响应时间，守护着市民的生命财产安全。边缘计算示意图如图5-2所示。

另外，一些边缘设备还涉及个人隐私和安全。例如城市安防，有了边缘计算能力，个人隐私数据皆可以进行本地化处理，能大大降低个人数据回传至中心或是云端时数据泄漏的风险。将部分数据分析功能，放到应用场景的附近（终端或网关）来实现，这种就近提供智能服务的方式可以满足感知网络体系在敏捷联接、实时业务、数据优化、应用智能、安全与隐私保护等方面的关键需求。

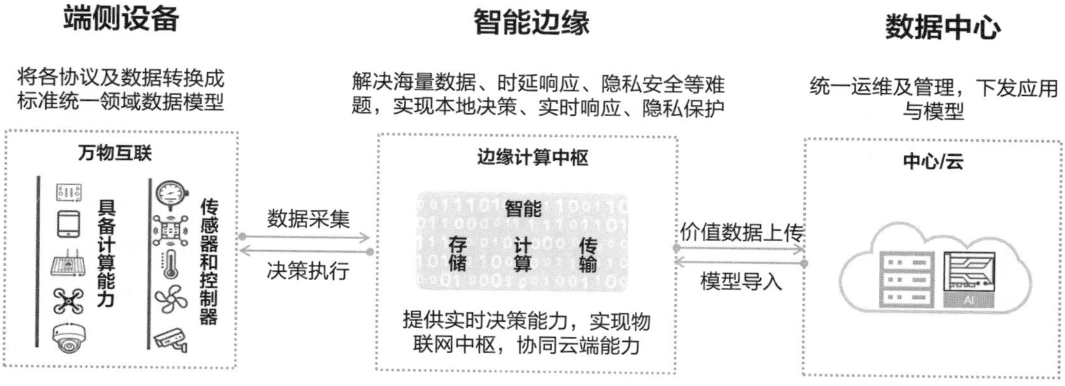

图5-2　边缘计算示意
（图片来源：笔者自绘）

从边缘计算技术运用价值出发，可以总结为以下五点：

（1）分布式和低延时计算。边缘计算聚焦实时、短周期数据的分析，能够更好地支撑本地业务的实时智能化处理与执行。

（2）效率更高。由于边缘计算距离用户更近，在边缘节点处实现了对数据的过滤和分析，因此效率更高。

（3）更加智能化。AI+边缘计算的组合让边缘计算不止于计算，更多了一份智能化。

（4）更加节能。云计算和边缘计算结合，成本只有单独使用云计算的39%。

（5）缓解流量压力。在进行云端传输时通过边缘节点进行一部分简单数据处理，进而缩短设备响应时间，减少从设备到云端的数据流量。

基于上述边缘计算的五个特点，建构"端、边、云"立体的计算架构可以改变现在的应用架构思维与建设，同时叠加AI能力形成智能边缘，进而充分释放出城市物联感知数据的智慧化应用价值。

5.3.2 智能边缘计算在城市中的应用场景

随着远程办公、边缘计算的快速普及以及流量模式的变化，现有的网络基础设施不断增强，用户与场景对低时延的诉求也逐渐严苛，其中边缘计算的多样性决定着边缘计算解决方案需要具备灵活、弹性的特点，来满足边缘的多元变化。

智能边缘计算的应用设计，需要从中心、边缘到端侧的整体架构出发，配合各场景中不同的设备特性和不同的功能诉求，逐层协同设计。具体如图5-3所示。

例如，中心以全局调度和智能决策为核心，重点在收集各边缘的实时反馈后，从全局视角进行分析，追求全局最优的分析决策；而边缘侧以实时分

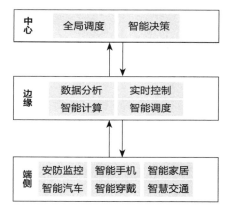

图5-3 边缘计算与中心侧及端侧协同关系
（图片来源：笔者自绘）

析为发展方向，除了需要具备智能计算、数据实时分析、实时控制、智能调度等可自闭环的业务能力外，还需要向下联接各类终端数据，向上传递各业务所需的关键分析，由此可初探边缘计算的复杂程度。

边缘计算是整体系统的中枢运作节点，其中典型应用场景的主要能力发展方向包含：视频加速等数据优化能力、快速交互等实时响应能力，以及快速连接等多样设备接入能力。

智慧城市交通重要的发展方向就是车路协同。车路协同是指通信、计算、互联网等先进技术高度融合，实现全方位车与车、车与路的动态实时信息交互，在时空动态全面采集与融合的基础上，由被动安全进展到主动安全控制，充分实现人、车、路的互联协同，保

障交通安全、提升通行效率，从而让交通达到安全、顺畅、减排的目标。例如，城市的交通信号灯可以根据路上车流的情况动态地调整其颜色，提高交通流畅度，减少拥堵，还可以应用于紧急情况，如信号灯可以为紧急情况开辟出一条绿色通道。

在智慧城市领域，支撑多功能智能杆的AI场景，以智慧照明为第一落地场景（图5-4）。通过部署地点的经纬度、季节等地理与时间的时空条件，自动制定开关灯的基础能力，透过AI视频的采集分析、照明亮度的实时侦测以及人员、车辆等流量侦测，动态调节多功能智能杆的亮度，全方位地从客户所需的视角，满足灯杆亮度的动态调配，达到节能减排的碳中和目标。

智慧照明
AI监测人流量、环境（亮度、天气）的光控调节

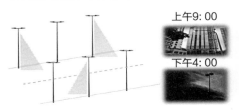

上午9: 00
下午4: 00

智慧路侧
监测井盖状态、公共设施养护、低洼区域积水等，保障用路安全

图5-4　边缘计算在智慧照明和智慧路侧的应用
（图片来源：笔者自绘）

城市水利管理中，边缘计算能实现对河湖进行实时监控，关注水环境的健康情况，进行防洪排涝的预报、预警等。主要通过多传感器以及视频等端侧数据收集，在边缘侧就近协同观测，作出初步判断后，立即通知人员决策或者协同水利设备进行实时操作，节省大量人力投入成本的同时能提高实时处理效率。

在城市环保中，能在小区、街道、公园、园区等区域，通过空气侦测和现场环境实时分析，及时反馈各区域环境状况，在垃圾分类上也可通过智能分析提供实时提醒，或者结合机器手臂等协同作业，自动进行分类处理。

在安全监控上，通过摄像头与传感器，对城市交通枢纽、人群聚集的商业区域、广场等快速进行实时分析，将安防布控升级为现场即时通知处理，当检测到事故或者危机情况时，立即通知警察、消防和医生等处理，争取事故处理的黄金时间。

在各行业与各应用场景边缘应用的不断发展中，创新场景也孕育而生，创新场景包含对环境的监控，例如，市政窨井盖监控、垃圾桶监控、积水监控等（图5-4），环境设施安全的隐患监控，以及行人、行车等人员安全行为守护，智能连接警消医等一键通报，通过视频实时分析，将现场情况提供给对应人员，将现场事件截图、时间、地点等信息传输给通报中心，实现实时预警、降低运维成本、有效市政运营等目标，提高市政满意度，防患于未然。

实现AI智能落地，智能边缘除了承担边缘计算所需的整体框架外，还需提供接入多

源视频管理、实时视频编解码、实时智能检测分析，以及端边云协同的动态与实时更新部署，再夯实边缘侧对数据以及环境的安全要求，提供智能边缘计算实现感知网的统一智能计算平台。

5.3.3 云边协同使能AI

智慧城市的发展离不开人工智能融合城市管理应用，面对城市治理的多样化场景，成熟的AI应用场景能即时部署，提供完善的推理分析价值，而大量的新场景应用，以及科技进步带来的新诉求场景验证以及城市演进的创新项目，给人工智能带来了新的生命力，而支撑这个生命力的主要方法，就是构建城市算力平台以及训推一体的云边协同平台。云边协同AI应用实现方式如图5-5所示。

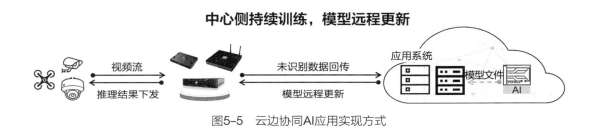

图5-5　云边协同AI应用实现方式

（图片来源：笔者自绘）

算力平台需考虑通用与智能算力的规划与建设，从顶层视角向下思考，依靠现有业务及持续创新进行建设规划。近年来人工智能渗透率快速提升，模型训练及应用推理都需纳入考量，由全局的算力规划，加速创新的试点验证，并降低烟囱式的重复建设。从实践来看，借由搭建训练推理一体、云边协同的智能平台，支撑智慧城市多场景、多应用、多建设维度下的智能算力部署。

为了满足智慧城市的发展，构建统一纳管边缘计算的平台是首要工作。统一管理分布在各地的边缘站点，对边缘站点进行处理任务的统一调度、升级以及运维等，能大量节省运维成本及提高效率，从边缘侧自动判断难例样本，回传中心训练，持续提高准确度，通过边用边学，实现自演进的人工智能系统。

自演进的人工智能系统，支撑大规模创新项目孵化，端侧样本采集解决样本稀缺的挑战，让AI的应用效果能持续增强；单一手段或是单一算法，在人工智能赋能平台上得到充分的发挥，进而演变成融合感知的协同作业，一个场景能有多种算法相互支撑，算法间的联邦学习和加速互补，让场景应用能短时间内得以落地实现，向上支撑场景落地实现少人无人，强化风险防范，向下夯实行业算法与算据，让边缘计算越来越智能。

训推一体化平台，重点在于边云的协同能力构建，由数据与管理协同，至训练与推理协同，一个完整的智能生态系统，将成为城市智能化发展的主要演进干线，当各单位、各伙伴皆由同一平台孕育智能应用，则可对智慧城市应用的沉淀累积、单场景的智能孵化和在短时间内共享至其他站点成为面的突破。

最后经人工智能融合赋能平台，拉通智能算力需求，考量运维运营，达到按需部署使用，由中心统一调度，进化成边缘自治，自主分配，降低应用系统对中心的依赖。在极端条件下，也可正常提供边缘计算能力，尤其对驾驶或是环境安全的监控，即使单一节点异常，周围站点也能实时支援反馈，降低危险或是风险的扩散，成为智能边缘云的完整自主联邦系统。例如积水的识别，当单点失效时，由周围节点侦测后，上传至中心端，通知人员处理，降低危险的持续扩散；又如单点侦测到风险时，警告无法传回中心，这时可透过边缘自治，将信号传递给其他站点，只需要一个站点成功传回中心，则达到预警的目的。智能边缘将成为真实世界的安全守护者，看护我们生活的方方面面。

现如今，AI技术蓬勃发展，相关的理论技术和应用如雨后春笋，层出不穷。但应用落地仍存在不少的痛点，如AI硬件、基础框架种类繁多，AI应用格式和接口不统一，无法做到端、边、云统一部署管理等。

多功能智能杆也面临同样的问题，为了满足更广连接、更低时延、更好控制、更丰富的智能应用等需求，多功能智能杆端、边侧的边缘计算成为云计算向杆站边缘侧和端侧分布式拓展的新触角。预计到2022年，大约75%的数据将需要边缘和端来分析和操作。因此，围绕AI核心业务场景打穿，构建易用、易维、易开发的边或端侧协同框架平台，北向简化并使能端边云业务创新，南向简化端边运维，快速实现相关AI应用并落地。多功能智能杆感知算法云边端联动示意如图5-6所示。

利用在云端的人工智能平台，在云端进行推理、训练、管理。训练好的模型，可以在多功能智能杆站按不同场景进行部署。多功能智能杆应用算法举例如图5-7所示。

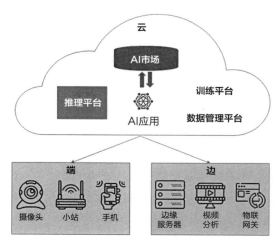

图5-6　多功能智能杆感知算法云边端联动示意

（图片来源：笔者自绘）

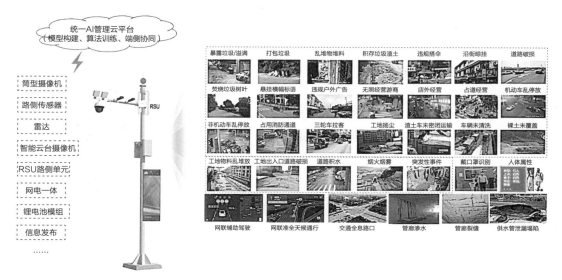

图5-7　多功能智能杆应用算法举例

（图片来源：笔者自绘）

5.3.4 部署建议与举例

边缘计算环境是构成感知网络的重要部分，更是联接物理世界和虚拟世界的一道"桥梁"，在部署上可以区分成四个域来进行功能设计，其架构具体如图5-8所示。

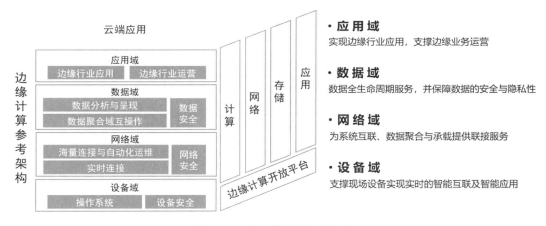

图5-8　边缘计算部署参考架构

（图片来源：笔者自绘）

（1）设备域：边缘计算在这一层，可以对感知的信息直接进行计算处理。比如在制造领域，可以对设备进行实时监控，能够实现预防性维护；在视频采集、音频采集中直接部署智能鉴别的能力；又或者像手机一样，能够由语音输入直接转换成文字输出。

（2）网络域：通过部署计算能力，实现各网络协议的自动转换，对数据格式进行标准化处理。要解决物联网中数据异构的问题，就需要在网络域中部署边缘计算，以实现数据格式的标准化和数据传递的标准化（例如，将所有的感知数据都换算成MQTT类型数据，并通过HTTP方式传递）。同时，网络域的边缘计算，还能对"融合网络"进行智能化管理，实现网络的冗余，保证网络的安全，并可进一步参与网络的优化工作。

（3）数据域：边缘计算，使得数据管理更智能、存储方式更灵活。首先，边缘计算可以对数据的完整性和一致性进行分析，并进行数据清洗工作。其次，边缘计算可以对计算和存储能力，以及系统负载进行动态部署。最后，边缘计算还能和云端计算保持高效协同，合理分担运算任务。

（4）应用域：边缘计算提供属地化的业务逻辑和应用智能。它使得应用具有灵便、快速反应的能力，并在离线的情况下（和云端失去联系时），仍能够独立地提供本地化的应用服务。

边缘侧提供的AI算力有限，基于最大使用量来计算，约8个实时视频流汇聚到一个边缘智能小站点，由智能边缘小站点进行实时分析，将识别到的事件快速传回中心，具体评估可视侦测场景而定，搭配场景需求的实时性与安全程度灵活调整，因此智能边缘站点的算力，需要阶梯设计，配合现场部署状况，提供各阶梯式的组合搭配，灵活支撑场景应用。

在现场处理实时视频流任务，需要搭配容器化部署，这一层应用更新或是模型更新的便捷性，将影响任务处理时长，因此对边缘侧的性能要求更高，例如低时延转码需要小于100ms的限制，将视频流处理在边缘侧达到最优的处理效率。

边缘的智能分析能力要具备图像识别能力、图像判断能力、音频分析能力，具体可结合应用场景对边缘AI算力及处理能力的需求，采取不同规格和形态的产品设备，如智慧边缘服务器、智慧边缘小站等。

在场景部署中，可以参考典型场景的部署方式。

场景一：园区型边缘部署。

场景描述：具有小型机房，可以支撑多方数据汇入，能提供稳定电力与机柜环境，部署边缘智能服务器。

场景价值：汇聚区域感知网络端侧设备接入，能将应用计算承载在算力较大的边缘服务器中，在实时性与成本间取得平衡。

场景二：杆站型边缘部署。

场景描述：路侧或是杆站等室外环境柜，需要适应宽温、防尘等室外环境，部署智能边缘小站。

场景价值：实时边缘计算处理与分析响应，降低网络带宽与中心存储，将所需分析结果以及数据样本回传中心，帮助快速掌握现场情况和人工决策。

5.3.5 城市边缘计算的未来发展与思考

随着智慧城市感知交互能力的逐步完善，以及边缘智慧化应用的发展和繁荣，智能化边缘共享算力将成为边缘计算的下一个发展方向。边缘共享算力具体可以分成两个阶段或是两个方案：

一种是由中心点统一调度，当需要边缘算力支撑时，由中心下发任务给指定边缘节点。另一种是引入边缘自治的联邦调度概念，通过边缘节点自身算力侦测，当算力达到安全值时，立即将分析任务传递给周围最近且算力尚有空闲的边缘节点。

两种方案都需要在智能边缘节点中建立智能调度机制。而智能调度机制的核心技术在于去中心化协调设计，比如：去中心的投票选举以及任务调度分配机制。如果能在有限时间内，实现实时算力任务的有效分配，甚至具备区域算力使用分布预测的能力，将极大地提升边缘算力网络的有效利用。边缘算力网络的发展，将实现实时智能化的算力突破，带动网络、存储等技术的发展，整体进入新的智能化算力时代。

智能边缘的发展同样面临一些挑战，比如：边缘场景碎片，难以达成规模复制，负样本缺少，难以支撑场景准确度的要求，以及环境复杂与设备多样等，其中以找寻商业模式支撑智能边缘的产业发展为主要难点。同时我们看到智能边缘是城市感知网络体系的重要技术构成，不论在技术应用还是商业模式的探索上，两者都可以相互"借力"与"促进"，共同探索并提升城市智慧化应用与服务水平。

6 数据传输：构建敏捷灵活的感知网络

多功能智能杆是城市感知网络体系广泛采集数据的重要载体。随着全国范围内城市信息基础设施建设工作的推进，当前多功能智能杆已由试点进入规模建设的时期，如何将感知数据从多功能智能杆可靠、安全地送到边缘云或中心云平台并及时响应，需要依赖可靠安全的传输网络。另外，"多杆合一"带来的多租户业务隔离、车路协同等新的业务要求更高等级的网络时延和可靠性保障，这些均给传输网络带来新的挑战。

本章将立足实际建设部署，从"边端数据接入与回传组网、F5G与弹性组网运用、网络演进与统一网络管理"三个方面探讨如何运用各种网络技术构建一张敏捷灵活的感知网络。

6.1 基于多功能智能杆的感知网络组网

6.1.1 基于多功能智能杆的感知网络组网需求分析

多功能智能杆作为智慧城市感知网络体系的载体，其室外泛在部署、多终端、多业务承载的特点要求边缘组网方案在满足基本时延和带宽需求的基础上，重点考虑综合承载能力、成本、可靠性、可扩展性以及可维护性。

（1）综合承载能力

边缘感知网络需满足多功能智能杆多终端、多业务接入和承载的要求，支持多终端、多业务隔离，尤其是当终端属于不同政府、企业单位时，客户一般会要求多功能智能杆运营方提供终端业务隔离方案，包括基于VLAN、VPN的软隔离和基于网络切片的硬隔离方案。

（2）成本

多功能智能杆规模建设后，一线城市的多功能智能杆数量可能达到5万～10万级，边缘感知网络也需在集约化的原则下规划建设，避免建设多张物理网络时产生投资浪费、点到点星型组网方案中光缆以及管道资源浪费等问题。

（3）可靠性

感知网络体系作为智慧城市感知底座，同时提供信息发布、紧急求助、公共WLAN等公共服务，需要从网络传输、部署环境、设备功能等多方面考虑可靠性问题。其中网络可靠性的核心是要实现感知数据的可靠传输、管理平台和终端的可靠通信。技术上需提供网络冗余保护方案，比如典型的环网保护方案、1+1热备保护方案等，紧急求助、车路协同等业务要求网络故障倒换时间在50ms以内，确保业务无损。

（4）可扩展性

多功能智能杆建设是一个渐进的过程，初期往往只是路口、公交站台、地铁口等重点位置的插花式改造，后续将扩展到整个路段、整个片区，因此，边缘感知网络须具备良好的扩展性，支撑新增的多功能智能杆入网。另一个场景是在已有多功能智能杆上新增感知终端，边缘感知网络需灵活调整配置（尽量减少人工干预），实现终端网络配置和接入认证。

（5）可维护性

多功能智能杆规模建设后，边缘感知网络设备节点会达到5万~10万个，设备部署调测、业务配置、日常监控、排障等工作量巨大，需提供可视化、自动化、智能化的维护方案，包括新设备节点即插即用、终端"一插入网"、网络状态感知、故障诊断等关键能力。

6.1.2 多功能智能杆组网模式分析及建议

边缘感知组网按照多功能智能杆建设模式，存在"星型组网"和"环形组网"两种主流模式，针对无光缆资源的场景，还有无线组网模式。

（1）星型组网模式

星型组网模式即每个多功能智能杆物联网关都通过独立光缆连接汇聚路由器或交换机，汇聚设备一般部署在路边柜或者边缘机房内，如图6-1所示。

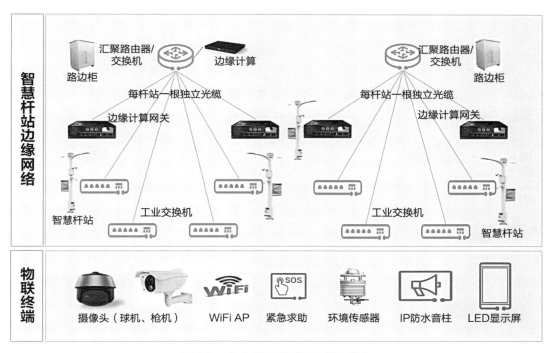

图6-1　多功能智能杆星型组网模式

（图片来源：笔者自绘）

星型组网模式的优点是易部署、可扩展性好（增加多功能智能杆无须改动已有网络）、故障隔离性好（单个杆网关故障不影响其他多功能智能杆站）；但缺点也很明显，即光缆资源消耗大（每个杆站独占一根光缆）、汇聚设备端口消耗大（每个杆站独占一个端口）、网络可靠性差（断纤即断网，网络保护依赖双上行方案，即物联网关通过两根光缆上行到两台不同的汇聚设备，这样导致光缆和汇聚端口使用量加倍）。

综合考虑星型组网模式的优劣势，该模式适用于小批量试点或者插花式建设的改造场景，不适用于规模建设的改造场景，不符合集约化、高可靠的原则。

（2）环形组网模式

环形组网模式即多个多功能智能杆物联网关组环网，按照路边柜的可获得性（实际部署中可能存在路边柜资源获取困难的情况），多功能智能杆物联网关可以和部署在路边柜中的汇聚路由器或交换机共同组环网，也可以自行组环网，然后选择环内一个或者一对杆站物联网关作为上行网关，单独链路上行到汇聚路由器或交换机。具体如图6-2所示。

环形组网模式的主要优势是提供网络可靠性以及节省光缆、汇聚设备端口资源，网络可靠性可以抗单个节点链路失效，恢复时间可以达到50ms（需基于ERPS、SEP、TI-LFA等新协议），按照每环20个杆站计算，相比星型组网模式，可以节省80%的光缆资源和汇聚设备端口。环形组网模式的劣势在于可扩展性稍差，新增多功能智能杆需更改已有网络配置，另外，环形组网对管道基础设施的要求高，需要有过路的管道，否则道路单侧的多功能智能杆组环网难以达成可靠性保护。

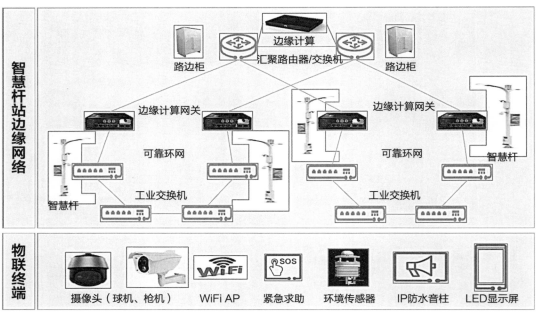

图6-2　多功能智能杆环形组网模式
（图片来源：笔者自绘）

环形组网模式以可靠性高、成本低的优势，非常适合规模建设的改造场景，比如智慧城市新区场景。

（3）无线组网模式

无线组网模式主要应用于无光纤资源场景，比如水库、河道等，此种场景布设光纤成本高昂（主要是管道等基础设施投资大），物联网关之间通过WiFi等无线技术组网，无线代替有线，满足多功能智能杆站视频以及水位、雨量、水质等各类感知数据上传、终端控制等诉求，在有光纤覆盖或者运营商5G/LTE信号覆盖的站点做集中回传。多功能智能杆无线组网覆盖示意如图6-3所示。

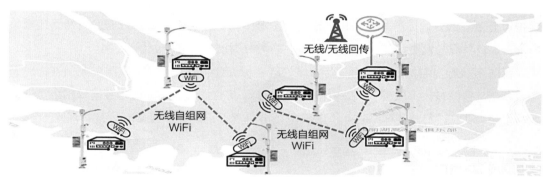

图6-3　多功能智能杆无线组网覆盖示意
（图片来源：笔者自绘）

无线组网模式对物联网关的要求高，需要物联网关集成WiFi等无线模块，同时需要实现物联网关间无线自组网以及网络保护（单个节点失效可自动重新组网），无线网络性能也需满足传输距离和带宽要求，比如水库场景建议单跳距离不少于3km，最大支持不少于8跳，平均带宽不小于100M。

在如今国家城市新型基础设施高质量发展及城市"多杆合一"改造的大势下，本书建议优选环形组网模式进行城市多功能智能杆的规划和部署。星型组网与环形组网对比见表6-1。

多功能智能杆星型组网与环形组网对比　　　　　　　　　　　　　　　表6-1

智慧杆组网模式	优势	劣势	适用场景建议
星型组网	• 易部署 • 可扩展性好（新增智慧杆不改动已有网络） • 故障隔离性好（单杆故障不影响其他智慧杆）	• 光缆资源消耗大（单杆独占光纤） • 汇聚设备端口消耗大（单杆独占端口） • 网络可靠性差（断纤即断网，双上行光纤、端口加倍）	• 小批量试点或者插花式建设/改造场景
环形组网	• 网络可靠性好（50ms恢复） • 节省光缆、汇聚设备端口资源（每环接20智慧杆可节省80%资源）	• 可扩展性稍弱（新增智慧杆需更改网络配置） • 对管道基础设施的要求高	• 规模建设/改造场景

6.2 感知数据回传网络

6.2.1 回传网络在感知网络体系中的价值与技术趋势

多功能智能杆感知数据在边缘网络汇聚后，需通过回传网络传输到边缘云或中心云，由于多功能智能杆室外泛在部署的特点，回传网络也需满足大量边缘汇聚设备接入的需求，涉及站点/机房、网络设备、光纤/链路等网络基础设施的建设及维护。

回传网络与边缘感知网络相比，同样需综合考虑多业务承载能力、成本，以及可靠性、可扩展性、可维护性等需求，由于回传网络接入大量多功能智能杆数据，网络故障可能会影响多个区域的多功能智能杆感知数据上传及感知终端控制业务，因此对可靠性、可维护性有更高的要求。另外，回传网络汇聚多个多功能智能杆流量，可能发生网络拥塞等异常，需具备异常监测和优化能力，以此构筑可靠的智慧城市感知网络底座。

目前多功能智能杆的建设和运营主体仍然是各级政府或委办局以及国资或国资控股企业，基于"智慧城市一张网""集约化建设"理念统筹规划边缘感知网络和回传网络正逐步成为主流模式，统筹规划网络安全、IPv6或IPv6+部署及应用等。

6.2.2 回传网络与数据中心网络协同

城市感知数据回传网络建设首先需要服务好多功能智能杆上感知数据的回传。基于国内深圳、中山、上海等地多功能智能杆建设、运营单位实践分析，目前多功能智能杆回传网络存在三种主流建设模式，即自建回传网络、租用运营商网络服务以及通过电子政务外网回传。

多功能智能杆感知数据通过边缘组网汇聚后，需要将原始数据或者经过边缘计算处理加工后的数据进一步上传到多功能智能杆管理平台，管理平台对数据进行综合分析、研判、呈现以支撑智慧城市公共治理，同时管理平台需要对多功能智能杆智能网关、各类感知终端进行日常监控和远程维护。管理平台一般部署在运营单位数据中心或者政务云，这就需要一张连接多功能智能杆站点边缘网络和管理平台的回传网络。目前有三种建网方式：自建回传网络一般由项目建设单位统筹规划建设，即多功能智能杆站点+边缘组网+回传网络统一规划建设；租用运营商网络服务，主要是通过租用运营商专线或专网服务实现边缘组网汇聚点到管理平台数据中心的连接；电子政务外网回传是指利用已有的电子政务外网，划分感知网络专用切片用于承载感知数据回传业务，多功能智能杆边缘组网就近接入电子政务外网边缘设备，符合政务网络多业务统一承载以及集约化建设的政策要求。

回传网络支撑多功能智能杆管理平台和多功能智能杆站点、边缘计算节点间数据的实时传输，需满足安全性、自动化、智能化等技术要求，安全性需至少满足等保二级要求，确保防私接、防仿冒，感知数据防泄露、防篡改，安全威胁和风险实时检测和处置等；自动化指网络需支持集中控制，实现自动化拓扑发现、网络切片管理、业务路径导航等能力；

智能化是指网络需支持随流质量检测（时延、丢包）、基于AI的故障模式库等，实现故障分钟级定位、原因分析等智能化能力。

下面针对三种回传网络模式进行详细阐述：

（1）自建回传网络

自建回传网络适用于建设或运营主体对网络独立有硬性要求（比如公安部门），或者存量网络无法满足智能网联等新业务要求以及存量网络覆盖不足等场景。

自建回传网络的优势是可以和边缘网络统筹规划，统一落地IPv6或IPv6+等创新技术，统一规划网络和安全，避免多部门协调，最大劣势是成本高，涉及站点、机房、网络和安全设备、传输光缆的建设，其中站点、机房、传输光缆等基础设施也可从运营商租用，同时对建设或运营方的网络规划运维能力要求高。

自建回传网络样例如图6-4所示。

例如：某镇针对智能网联业务统一规划边缘感知网络及回传网络，智能网关、路侧汇聚、区域汇聚、区域核心设备均支持IPv6+特性，包括SRv6、网络分片、iFIT等新技术，

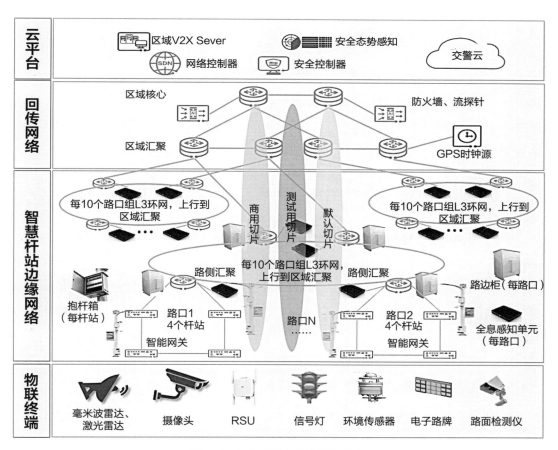

图6-4　多功能智能杆自建回传网

（图片来源：笔者自绘）

基于SRv6实现智能网联业务的路径导航（基于时延、可靠性、带宽要求）、自动化部署及网络优化（网络拥塞及节点或链路故障时保障业务体验），基于网络分片实现测试业务、商用部署业务的物理隔离，避免测试业务影响商用部署业务，基于随流检测（In-situ Flow Information Telemetry，iFIT）技术实现业务质量的随流检测和质量劣化预警、故障定界等。整网支持IPv6单栈，支撑工信部等部委推动IPv6在物联网新型基础规模部署的政策落地。

（2）租用运营商网络回传

租用运营商网络回传是另一种常见的模式，边缘感知网络汇聚设备通过租用运营商专线的方式上传到云平台，租用模式的优势是便利、短期成本低，非常适用于多功能智能杆试点建设场景，但劣势是长期成本高，尤其是多功能智能杆规模建设后回传网络成本高，同时网络运维依赖运营商，多功能智能杆运营方和运营商分段保障、分段运维，存在故障定界、定责难的问题，难以实现端到端的业务质量保障。

图6-5是典型的多功能智能杆试点项目回传网络方案，多功能智能杆感知数据汇聚到边缘汇聚设备，通过租用运营商专线传输到云平台，运营商专线包括有线链路和无线链路（5G/LTE），后者要求物联网关或汇聚设备支持5G上行。

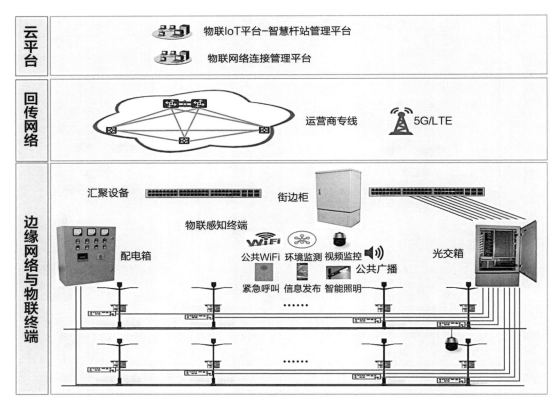

图6-5　多功能智能杆租用回传网
（图片来源：笔者自绘）

（3）通过电子政务外网回传

电子政务外网为政务网络的一种，承载政府机构非涉密业务，包括政务办公、互联网访问、非涉密专网业务、视频会议业务等，随着智慧城市的建设和发展，国家部委及各省市已规划基于电子政务外网承载城市感知网络业务，作为智慧城市网络联接底座，支撑"一网通办""一网统管"和"一网通协"。

根据国家信息中心发布的《政务外网IPv6演进技术白皮书（2021）》以及各省市的政务外网发展规划，明确基于IPv6、IPv6+（SRv6、网络切片、iFIT、APN）等新技术，持续增强政务外网的业务承载能力以及差异化业务保障能力，满足政务办公、互联网访问、视频会议、物联网、远程医疗、医保结算等多业务承载及差异化业务质量保障诉求，网络基础设施集约化建设，通过网络切片技术实现不同业务的严格资源隔离，确保视频会议等重点业务体验，另外，通过SRv6、iFIT随流检测等技术实现网络自动化、业务质量可视及故障定界等。

通过电子政务外网回传的优势有以下几点：一是集约化，降低回传网络成本；二是基于电子政务外网的多业务承载、差异化业务质量保障以及安全资源池（政务外网符合等保二级以上安全要求），贴合感知业务多租户、多业务承载以及差异化质量保障、安全保障诉求，比如车路协同业务对网络时延、可靠性的高要求；三是电子政务外网联接政务云，方便感知数据汇聚到政务云并在云内实现跨部门共享交换，支撑未来的感知网络运营。当前存在的问题主要是政务外网覆盖问题，当前主要覆盖政务园区，短期内还需借助自建或者租用运营商链路的方式解决边缘感知网络汇聚设备到政务外网接入设备的"最后×公里"接入问题。

电子政务外网一般包含核心层、汇聚层、接入层以及安全设备，核心层、汇聚层、接入层间采用双节点口字形组网增强网络可靠性和可扩展性，边界防火墙提供电子政务外网边界安全防御。

图6-6是典型的电子政务外网承载业务示意图，可以看出电子政务外网能够同时承载政务园区和物联感知业务，并提供企业接入。

6.3 F5G与弹性组网

城市治理的数字化，千行百业的加速上云，以及数字生活等应用的爆发都需要一张建设完善的城市全光网络来支撑，它如同水、电、煤气以及交通路网，是智慧城市的第五张网，是关键的新型基础设施。千行百业的上云对联接的品质提出了更高要求，从以家庭、个人业务需求为中心走向以企业业务需求为中心，从尽力而为的联接走向确定性体验的联接，这也进一步驱动从全光网1.0向全光网2.0的演进：打造超宽接入、全光联接、极致体验的F5G全光网，为企业提供端到端确定性时延链路、物理隔离的光专网、T级超高带宽，实现"光纤到家庭"向"光纤到企业"的全面延展，以品质光联接赋能行业数字化。

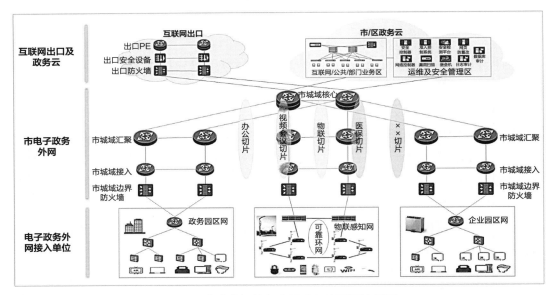

图6-6　多功能智能杆电子政务外网回传组网
（图片来源：笔者自绘）

6.3.1 F5G技术趋势与价值

多功能智能杆作为城市新型基础设施的重要组成，通过深度整合城市各类资源，实现资源的共享、集约和统筹，降低城市建设成本，提升城市运维效率，为城市治理带来多重效益，推动城市的快速发展。随着我国智慧城市以及物联网新型基础设施建设的全面推进，多功能智能杆的产业发展步入快车道。在多功能智能杆的实际应用中，出现了新增点位难、业务最低保障带宽不足等问题，既影响了多功能智能杆规模上量，也阻碍了智慧城市的发展速度。F5G能够解决多功能智能杆实际应用的这些问题。

那么，什么是F5G呢？F5G是第五代固定通信网络，是由欧洲电信标准协会（ETSI）定义，致力于从光纤到户迈向光联万物。F5G基于光纤通信技术，包括以10G PON、WiFi 6为基础的千兆宽带接入网络和以200G/400G单载波技术为基础的全光传送网络，具有超大带宽、全光联接、低时延、抗干扰、安全稳定等特点，支撑实现千兆家庭、万兆楼宇和T级园区，并赋能千行百业体验高品质网络。

当前移动通信网络已进入5G时代，固定通信网络也进入了F5G时代。5G是天上一张网，F5G则是地上一张网，两者作为新基建的基石，共同为数字经济构建坚实的底座。以F5G和5G为代表的第五代移动网络技术可共同构成"双千兆"网络，是一项国家级的大战略部署。在场景应用上互为补充关系，支撑着各行业数字化转型，推动全社会进入数字化、智能化时代。

相较于5G，F5G拥有更高的带宽，同时网络延时比移动宽带降低90%，安全稳定性高达

99.999%。所以5G与F5G的交织，构成了光联时代天上与地上的双网并行。同时，F5G技术更适应光网络迭代升级。从技术角度看，光纤频谱比射频宽1000倍，光纤网络寿命最长可达30年，支持不同代际的光技术平滑升级。

5G与F5G的应用互为补充。5G虽然在网络带宽方面有所不足，但在移动性、多联接方面更为见长，因而更加适用于无人机、车载物联网等移动网络；而F5G的固定连接，由于大带宽、低时延和高可靠性的特点，尤其在工业园区和数据中心互联等方面表现更为优异，同时受WiFi 6的加持，使F5G同时适用于室内的众多应用场景。同时，F5G为5G提供基础支撑。5G主要应用于终端，通过无线连接到基站，而基站与接入网、汇聚网和传输网之间仍需要依靠固定光网络连接，所以F5G是5G蓬勃发展的重要基础之一。

对于智慧城市而言，智能联接使其拥有了"躯干"，本质上是通过通信技术强化联接能力，联接智能中枢和智能交互。智能联接从联接人到联接物，再到联接应用、联接数据。智慧城市内外部资源与能力的有效联接，需要5G、光纤这样的物理联接提供千兆接入，满足个性化业务的不同时延和可靠性需求，建立统筹数据、业务、技术、运营的智慧城市数字底座，使被联接的人、物、设备变为可相互交互的"数字物种"，实现资源与价值的有效转化，将智慧带到城市的每一个场景，实现全场景、全触点、无缝覆盖、随身体验的"沉浸式千兆体验"。具体如图6-7所示。

图6-7　智慧城市中的智能联接
（图片来源：笔者自绘）

6.3.2 解决方案与实施建议

F5G创新技术很多，在多功能智能杆场景中主要探讨以下技术及方案。

（1）弹性组网

PON（Passive Optical Network）是一种点到多点（P2MP）结构的无源光网络。主要通过TDMA（Time Division Multiple Access）即时分复用技术来实现点到多点（P2MP）的互连，每个ONU（Optical Network Unit）分配独立时隙，互不干扰。具体采用波分复用（WDM）技术来实现单光纤的双向传输（图6-8）。

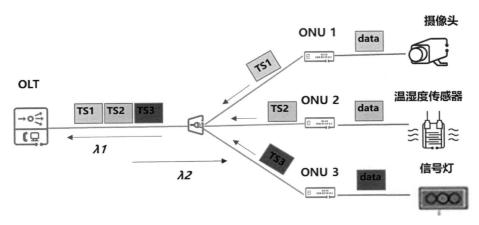

图6-8　波分复用示意
（图片来源：笔者自绘）

ODN（Optical Distribution Network）是连接OLT（Optical Line Terminal）和ONU（Optical Network Unit），不含任何电子器件和电子电源的无源设备。不等比ODN是解决新增点位难的关键技术，既满足灵活部署的诉求，又不会影响存量网络。

以图6-9为例，在同一路段，只需要1根光纤就能完成部署，新增点位不需扩纤，也不影响已部署点位。

在实际应用中经常会遇到这样的情况，普通灯杆的间隔是30m，多功能智能杆的间隔是

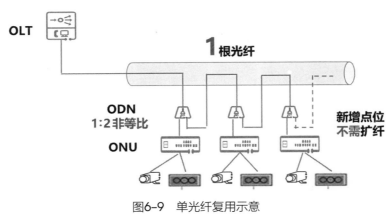

图6-9　单光纤复用示意
（图片来源：笔者自绘）

150m，也就是说1个多功能智能杆和4个普通灯杆交替部署。在完成部署之后，由于业务需求需要把后面某个普通灯杆继续部署为多功能智能杆，应用F5G的弹性组网技术，只需要在最后一个1∶2非等比分光器继续部署即可。

（2）DBA

DBA（Dynamic Bandwidth Assignment）是解决业务最低保障带宽不足问题的关键技术，根据业务需求，灵活分配带宽策略，确保业务始终能获取到保障带宽。DBA技术示意如图6-10所示。

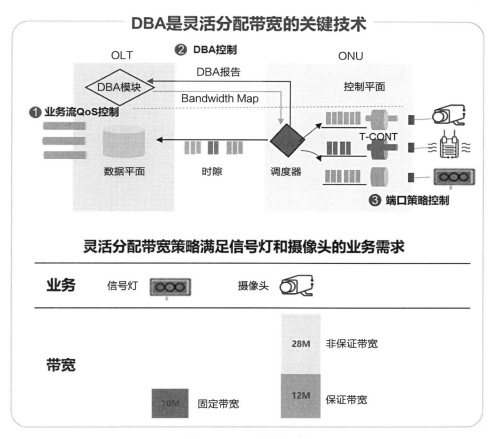

图6-10　DBA技术示意
（图片来源：笔者自绘）

在实际应用中经常会遇到这样的情况，多功能智能杆上原来部署的是标清摄像头，所需带宽是10M，后来因为业务需要更换为高清摄像头，所需带宽是40M，这时就会出现业务最低保障带宽不足的问题，应用F5G的DBA技术，可以通过切换带宽分配策略，立即解决问题。

6.4 虚拟化与网络切片

6.4.1 技术趋势与价值

城市感知网络体系的服务对象包括交警、公安、车联网等众多业主，为了满足多业务隔离的诉求，当前普遍采用独立建设多张物理网络，部署多套网络设备和多套物理线路的方案，这带来了设备堆叠成本高、光纤消耗快、管理运维复杂等问题。

多功能智能杆犹如城市感知网络的锚点，对网络质量要求高，当前存在由于时钟精度低导致的边缘计算结果误差高，网络安全低导致的网络易被攻击等问题，影响业主使用城市感知网络体系的意愿。为了满足城市感知网络体系中网络联接的诉求，F5G提出了FTTP（Fiber to the Pole）理念，实现了PON切片、时钟到杆等创新技术，很好地解决了这些问题。

6.4.2 解决方案与实施建议

（1）PON切片

F5G是业界首个通过创新技术在POL（Passive Optical LAN）支持单光纤4个硬切片，实现一网多用、业务隔离，消除城市感知网络业主的顾虑。多功能智能杆传输网络现状及目标网示意如图6-11所示。

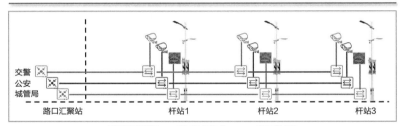

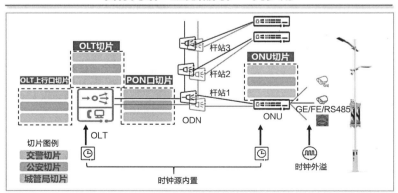

图6-11　多功能智能杆传输网络现状及目标网示意

（图片来源：笔者自绘）

PON切片相互隔离，独享带宽资源，不同切片的VLAN、MAC、IP地址是可重复的，为不同业主提供无差异的网络服务，其技术价值如图6-12所示。

网络切片，资源独享，为业主提供无差异服务

➤ 切片相互隔离，独享带宽资源
➤ 不同切片的VLAN或MAC可重复
➤ 为不同业主提供无差异的网络服务

共享   独享   差异   同等

图6-12　网络切片技术价值
（图片来源：笔者自绘）

（2）高品质网络到杆

FTTP为多功能智能杆提供高品质网络，包括时钟到杆、保护到杆、加密到杆、可靠到杆（图6-13），确保城市感知业务精准可靠，推进多功能智能杆成为城市的感知网络锚点。

FTTP不仅达成了"一杆多用、一网多用"的统筹建设目标，还满足了城市感知网络的高品质诉求，FTTP是建设城市感知网络的最佳方案，是智慧城市全光数字底座的最佳技术路线。

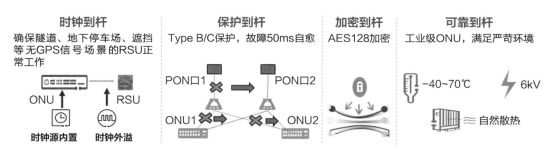

图6-13　FTTP技术核心价值
（图片来源：笔者自绘）

6.5 网络的持续演进与统一网络管理

6.5.1 网络的持续演进

边缘感知网络和回传网络正逐步地向自动化、智能化、自主可控、IPv6单栈持续演进。同时还需要考虑自动化、AI、自主可控等方面的发展变化：自动化的趋势毋庸置疑，未来泛在的感知网络体系需构建自动化的运维能力，否则运维成本高企，将严重影响感知网络运营效率和效益；智能化主要基于AI进行辅助决策，替代重复性且复杂的人工分析工作，比如流量趋势分析、故障原因分析、配置异常分析等，进一步提升网络规划和运营的效率；自主可控主要是指设备核心芯片和操作系统的自主可控，避免"卡脖子"风险。

同时，IPv6是中国建设网络强国的关键举措，2021年网信办发布的《关于加快推进互联网协议第六版（IPv6）规模部署和应用工作的通知》《深入推进IPv6规模部署和应用2021年工作安排》以及工信部发布的《物联网新型基础设施建设三年行动计划（2021—2023年）》等政策文件均明确推进IPv6在物联网新型基础设施、政务网络基础设施的规模部署和应用。

6.5.2 网络管理核心诉求的变化

感知网络体系作为支撑智慧城市治理以及公共服务的关键基础设施，传统被动响应式的运维管理模式已不符合要求，边缘感知网络和回传网络的可靠性以及业务保障能力变得愈发重要。

网络可靠可以有效支撑感知数据可靠回传以及公共服务实时无中断，差异化业务保障能力可以满足环境监测、视频监控、车路协同、紧急求助等不同业务对网络时延、可靠性、带宽的差异化诉求，保障业务体验。

另外，通过对网络状态的实时监控与分析，及时发现业务质量劣化、网络拥塞等潜在风险并闭环处置，有效避免风险转化的问题，防患于未然。

6.5.3 统一网络管理方案建议

针对边缘感知网络和回传网络，需提供统一网络管理、控制、分析系统，融合传统网络管理、SDN网络控制、网络分析以及智能运维特性，避免部署多套运维系统。结合城市感知网络体系的整体诉求，网络管理、网络控制、网络分析和运维围绕如下方面构建能力。

网络管理关键能力：网络拓扑发现，自动发现物理和逻辑拓扑；新设备自动上线，即插即用；网络分片生命周期管理，包括分片规划、分片部署、扩缩容、分片释放等；E2E业务配置、分层业务拓扑、业务连通性检测；网络告警监控，基于网络拓扑、业务拓扑呈现告警状态；设备数据备份与恢复；设备或单板远程升级；开放标准NBI接口，包括Restful、Kafka、MTOSI等；支持IPv6单栈网络管理；支持自动化流程编排，包括设备替换、单板替换等。

网络控制关键能力：业务路径导航，基于带宽、时延、跳数、亲和属性、可靠性等约束自动计算最优业务路径；自动调优，链路拥塞、时延劣化时自动感知、自动重路由，保障业务SLA；支持SRv6 Policy等隧道类型；支持基于网络分片算路（引流入分片）。

网络分析和智能运维关键能力：设备槽位、端口利用率分析以及Dashboard；设备健康度分析以及Dashboard，包括CPU、内存使用率等指标；端口、子接口、链路、隧道、VPN流量及带宽利用率，提供Dashboard；链路、隧道、VPN业务质量检测、可视以及Dashboard，包括时延、丢包、抖动等；支持iFIT随流高精度质量检测技术，丢包检测精度达到10^{-6}；基于Telemetry的毫秒级网络、业务性能感知和可视化，支持历史性能回放；支持业务中断、质量劣化时的故障定界和故障定位；支持基于专家经验库以及AI的故障原因分析，可覆盖80%以上的常见故障，精度不低于90%；支持网络配置变更仿真，避免配置变更导致的业务中断和质量劣化风险。

在智慧城市感知网络中，为实现边缘自治以及物联IoT平台和终端厂商解耦的诉求，需要物联网关集成边缘计算模块，基于边缘计算实现物联终端控制、云边协同、站点内或跨站点终端联动、物联协议转换、标准物模型适配等，边缘计算资源可供多个多功能智能杆站共享。

其中边缘物联终端控制、终端联动支撑边缘自治以及云边协同诉求，确保回传网络或者物联IoT平台故障时关键物联业务不中断（比如智能照明、信息发布等）。边缘物联协议转换以及标准物模型适配可对物联IoT平台呈现基于统一物模型的标准接口，实现物联IoT平台和具体终端款型或厂商解耦。

运营管理：构建开放共享的感知平台

城市感知网络体系规模有序发展过程中，对感知能力和感知数据资产的统一运营管理是充分发挥其价值的必然趋势，为运营主体构建一套开放共享的运营管理平台是支撑统一运营管理的核心。一方面，面对感知网络体系中复杂的感知能力、数据资产等统一建设、管理和运营诉求，需要一套基于服务化理念的平台，实现清晰、高效、便捷的运营管理；另一方面，面对智慧城市应用场景对感知能力和感知数据的诉求，需要一套平台能充分发掘感知能力和数据的价值，运用数据资产管理、AI算法等各种技术，为政府各部门、企业等提供丰富的服务和智慧化体验，促进各类业务应用场景的快速创新，同时，支撑运营主体逐步实现商业正向循环。

本章将立足专业运营主体视角，从"如何打造城市感知网络管理平台、感知数据资产共享技术、数据计算与AI算法的应用"三个方面探讨如何构建开放共享的感知平台。

7.1 打造共享开放的感知网络管理平台

7.1.1 感知网络数据和能力共享趋势

随着智能感知网络建设的不断深入，各部门分散、传统的建设模式逐渐向统一规划建设和管理模式发展。统一运营管理是大势所趋。传统的建设模式采用的是垂直管理的模式。各个业务从基础设施运维到业务运营垂直管理，互相独立。多功能智能杆的基础设施运维由原先的灯杆运维不断延伸。多功能智能杆上的智能设备按照归口使用单位垂直管理。它的缺点也非常明显。运维资源无法共享，无法集中优化来减少上站维护次数，在规模较大时会造成过多的运维成本浪费。数据资源也不能互通共享，容易造成重复规划建设以及建设浪费。

在城市感知网络体系及多功能智能杆建设进展较快的城市，相继出现了一些专业的运营公司，其运营管理主要分为100%国资运营、PPP、BOT三种模式：

第一种模式，由政府100%出资成立多功能智能杆运营公司，专门专项负责城市多功能智能杆的投资建设和运营维护。向各使用单位（如交通、公共事业、环保、城管等）以及企业（如运营商、互联网公司等）统一提供运营和运维服务，收取相应的租金、数据服务费和维护管理费。

第二种模式，引进有资金实力、专业技术和丰富的行业运营与管理经验的社会企业，与政府出资组建合资公司，称为PPP（Public Private Partnership）模式。由合资公司统一负责建设、运维和运营多功能智能杆，向各使用单位和企业客户提供服务并收取相应费用。合资企业自主经营、独立核算、自负盈亏。

第三种模式，引进有资金实力和丰富的运营与管理经验的社会企业（通常也可能是多个企业的联合体）出资并进行建设，政府分批次回购，同时授予一定时期的运营权（通常为10~15年），与高速公路建设类似的BOT（Build Operate Transfer）模式。运营企业需要垫资，可获取灯杆收入和运营服务收入。

了解不同运营主体的模式和特点，可以帮助我们更好地理解其对感知网络管理平台的诉求。这三种模式的共性诉求是需要统一的运维运营管理。通过数据和平台统一运营，提供数据和基础服务开放能力，使能上层各业务快速响应市场需求。统一运维运营管理可充分发挥多感知能力和感知数据的规模化优势，可面向更多业务领域提供信息和数据分析，通过共享开放使得上层诸如智慧交通、城市治理、环境保护等各项业务应用能快速响应瞬息万变的市场需求，将感知网络的各项能力惠及社会民生各个领域。

7.1.2 开放共享对感知平台的核心诉求

统一运营需要充分体现多功能智能杆资源、感知数据、感知能力等共建共享价值，通过统一运营实现价值创造和价值变现，其核心诉求包括以下几点。

（1）基础服务的统一运营

设备挂载租赁服务的运营：作为共建共享的基础设施，多功能智能杆可以提供多种设备挂载，杆本身可以作为一种可挂载的点位资源用于租赁经营。可以提供简单的物理挂载服务，也可以为挂载的设备提供配套的电和网络服务，还可以为挂载设备提供统一的日常运维服务（图7-1）。根据不同服务的范围，获取不同的收益。

图7-1　设备挂载租赁服务
（图片来源：笔者自绘）

内容发布服务的运营：多功能智能杆规模建设后，杆件遍布道路和园区，杆上的LED显示屏、公共广播可以作为很好的线下内容发布渠道，发布一些民生相关的信息、政务信息、紧急通知和环境信息等，也可以用于一些广告信息发布。信息可以分场合、分区域地发布，做到精准推送，在合适的地方推送合适的内容（图7-2）。

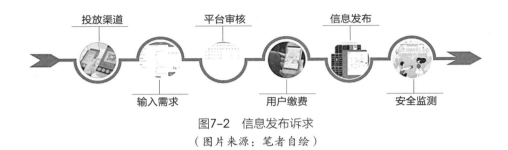

图7-2　信息发布诉求
（图片来源：笔者自绘）

感知数据或能力开放服务的运营：多功能智能杆上的感知设备、信息设备等采集的数据可以通过统一规范的接口，为上层应用提供感知数据共享、智能化数据分析能力（如趋势分析或预测、分类或聚类分析、视频或图像识别等）、感知能力（摄像、照明等设备单一或联动控制能力）及开放服务。能提供快速的开发能力，使上层相关部门中没有开发基础的业务人员也能通过编排能力快速构建各类应用，及时响应业务需求，可以实现天级的业务上线能力（图7-3）。

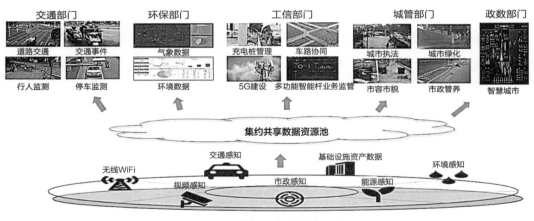

图7-3　数据和能力共享诉求
（图片来源：笔者自绘）

为支撑上述基础服务的运营，做好基础服务价值的呈现和收益的可视化，还需要相应的运营支撑，包括对客户信息、伙伴信息、服务订购信息准确地计量计费和运营分析等能力，能有效支撑灵活多变的商业模式，比如代理模式、广告模式、订阅模式、直销模式等。

（2）资源数字化管理

数字化的管理是统一运维和智能运维的基础。只有实现感知网络设备和网络的数字化管理，才能为运营和运维提供准确完整的数据。同时，对资产状态的稳定性、运行的有效性、生命的健康度进行全局掌控，实现管理的精准化与集约化，也为规划和建设决策提供支持。资源数字化全生命周期管理如图7-4所示。

图7-4　资源数字化全生命周期管理
（图片来源：笔者自绘）

数字化管理涉及的内容包括对多功能智能杆、灯杆上挂载的感知设备和信息设备、回传网络、边缘计算和存储设备以及平台设施和应用信息的数字化管理，还包括对采集的数据、第三方的接入等数字信息的管理。

（3）即插即用，安全可靠

感知网络设计的设备种类较多，厂家也多，为了能够减少建设的时间，降低建设成本，加快业务上线，需要设备能像计算机组件一样即插即用，免去繁琐的对接以及减少设备间不兼容。同时感知网络就建设在公共场所，需要防止未经授权和认证的设备非法接入，也需要防止网络遭受非法入侵，以造成对感知网络的侵害，比如非法数据获取、非法设备控制等。作为智慧城市的基础底座一旦受到侵入，就会严重影响上层业务的安全性。因此安全可靠作为基本要求必须得到足够的重视。

除了设备的即插即用，还包括平台的灵活集成。感知网络作为智慧城市的感知物联数字底座，需要与各个系统（如城市治理、交通、民生服务等）进行对接，软件的即插即用能力也非常重要，使数据在各个系统间能真正流动起来发挥作用。因此需要对接多个数据源、多种协议、多类型接口，提供跨数据中心、跨内外网的即插即用能力。

7.1.3 共享平台解决方案和关键技术

城市感知网络管理平台是智慧城市的感知物联数字底座，是基础设施，北向提供集中共享的物联感知数据和物联感知设备能力。通过数据交换机制，共享物联设备感知数据和能力，按照"聚焦应用、数据驱动、共建共享"的整体思路，充分利用遍布在城市道路、园区的物联感知设备在采集数据、发布信息、监控态势、与人或车交互的优势，使能上层各委办局实现城市治理、交通、环保、民生等各类应用层面业务。感知网络运营管理平台如图7-5所示。

图7-5　感知网络运营管理平台
（图片来源：笔者自绘）

作为感知网络运营管理平台的核心功能，平台的统一运营管理能力是支撑感知网络商业成功最关键的功能。为满足杆件租赁、内容发布、数据共享等基础服务的价值呈现，统一运营管理需要提供以下关键技术和能力。

（1）感知网络数字采集和数字镜像建立的技术

提供基于3D GIS/BIM模型的租赁资源存量管理，可提供空间评估、远程勘测等服务，可提供相应的计费和投入产出分析，缩短方案规划设计，加快业务上线。

全景相机和无人机等结合的数字化采集能力（图7-6），大大降低了专业3D数字采集要

图7-6　数字化采集应用
（图片来源：笔者自绘）

求，从原有的4~5h采集工作降低为2~5min。

通过3D建模（图7-7），将多功能智能杆数据以3D数据形式存储在平台中。平台可以预先对多种杆型和挂载设备建立3D数字模型库，能大大降低3D模型的建立时间。

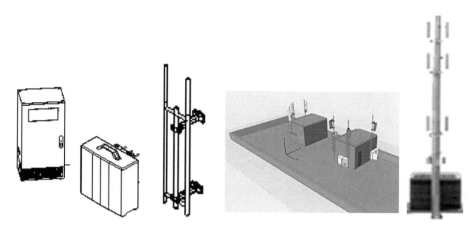

图7-7　3D建模

（图片来源：笔者自绘）

数字采集和模型建立后，就可以建立起感知网络数字镜像库，提供在线测距、度量、勘测服务（图7-8），在杆租赁服务中就能发挥重要作用。杆上是否还能挂设备？挂上后会是什么情况？挂载后对周边有什么影响等都可以通过在线方式确认，无须一次次地人工上站确认，大大缩短了服务提供的周期，同时也能给租赁客户更为直观地展现。

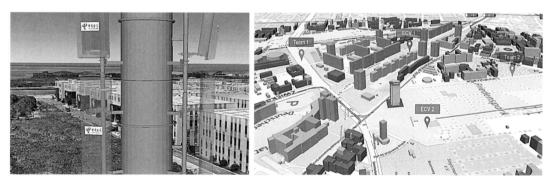

图7-8　在线挂载勘测

（图片来源：笔者自绘）

（2）基于智能审核的信息发布管理

根据发布时间、范围、途径、更新周期和内容形式（图片、视频、广播或组合）等提供信息内容发布；提供内容发布或变更的审核机制；基于图像识别、NLP等技术，提供智能化内容审核服务；支持自有设备发布、第三方设备或渠道发布；支持客户计费以及与第三方合作伙伴结算的模式。

（3）感知数据和感知能力共享服务管理

数据开放服务管理要求提供运行数据（如运行状态、运维统计分析等）、运营数据（如采集的视频、环境等）开放服务，以及监控等能力开放服务，支持从感知数据和能力订阅需求、订购、数据分发、能力调用和计费全流程管理。支持数据消费方、平台方、数据供应方等多方利益分享商业模式。

数据分析服务管理可以提供通用的智能化数据分析能力，如趋势分析或预测，分类或聚类分析，视频、图像或文字识别等，为上层应用提供高价值的数据分析能力。支持从方案设计、订购、分析到计费全流程管理。

协同控制能力开放管理提供设备单控、组控、群控、基于统一操作系统的感知设备协同控制等能力的开放服务；支持从能力订阅需求、订购、使用和计费全流程管理；支持能力需求方、平台方、能力提供方等多方利益分享的商业模式。

平台还需提供运营支撑功能，这些支撑功能包括管理采购基础的客户；管理服务的订购信息；产生正确的服务使用计量信息并根据不同的交易模式和合同约定进行相应地计费和结算；进行日常的经营分析，定期审视运营状况，通过可视化的呈现直观地发现问题并进行改进等。

7.1.4 城市感知网络管理平台部署建议

城市感知网络管理平台建议采取分级部署模式（图7-9），支持多级运营管理机制。具体分为总平台和子平台，总平台管理感知网络全量数据和能力，比如全市感知网络数据管理，

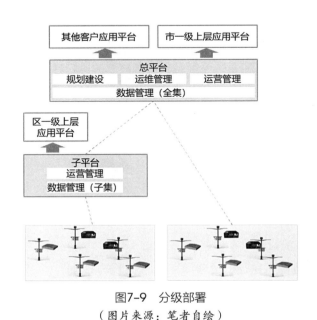

图7-9　分级部署
（图片来源：笔者自绘）

子平台只负责范围内感知网络数据和能力，比如区县感知网络数据管理，实现分权分域。

同时平台需要考虑公有云和私有云混合部署能力，以及公私云服务协同能力。对于规模不大的感知网络，可以使用公有云服务，降低初期投资，对于敏感信息数据和感知能力的管理可以考虑私有云部署分开管理。

7.2 数据和能力资产共享关键技术

感知网络数据和能力共享技术从业务流程上，可分为数据集成采集、数据交换与共享、数据资产应用开发三个部分。

7.2.1 数据集成关键技术

感知网络数据集成采集需要综合考虑各类感知设备产生的数据采集（如环境监测数据、视频监控数据、雷达监控数据和智能井盖等）、第三方系统不同种类和结构的数据集成（如交通路况、环境气象、车辆管理数据等，以及对接现有的感知设备采集系统等）以及各类实时准实时信息的传递（如信号控制、交通诱导等），因此需要融合集成能力。关键技术包含对物联设备数据的集成、异构数据的集成、消息数据的集成以及集成资产的业务流编排能力。

（1）物联设备数据集成

城市感知网络涉及的物联设备包括照明、环境传感、行人传感、摄像头、雷达等感知设备，LED信息屏、公共广播、紧急呼叫等信息设备，还有网关等各类网络设备，以及电池、配电等外配套设备。

物联设备集成需要支持主流物联以及管理协议（标准MQTT、MQTT Client SDK、SNMP、COAP等），实现物联设备接入、设备管理、数据采集和设备控制等能力。同时需要具备水平扩展能力来支持海量设备低延时接入，支持百万设备长连接。还应该做到安全可靠，保障设备安全与唯一性，提供TLS标准的数据传输通道保障消息传输通道的安全。

（2）异构数据集成

为集成其他平台产生的各种类型数据，比如感知设备管理软件产生的日志数据（文件类型）、气象信息结构化数据、广播内容发布的流数据等，需要提供多种数据源之间转换的方式。需要具备四个方面能力：支持异构数据源间同步，如API、ActiveMQ、ArtemisMQ、Kafka、MySQL、MongoDB、PostgreSQL等；支持复杂多样的网络环境，支持跨网络、跨云、跨数据中心、跨机房等网络环境数据同步；灵活调度按数据量（增量、全量）和时间（定时、实时）等任务触发规则来调度任务；基于数据安全防护机制提供数据安全（敏感数据加密）、系统安全、网络安全（防火墙防入侵）和业务安全（租户隔离）等多层安全防护机制。

（3）消息数据集成

消息数据集成可以用于感知网络平台中异步调用，实现平台或系统间的解耦。比如子平台向总平台上传数据、感知网络生成的事件（如占道）联动其他平台操作（如信息推送）。需要支撑具备的能力包含：支持分布式消息部署，支持主备模式多节点集群模式，支持跨数据中心的多集群模式，支持跨数据中心的消息平台通过统一路由连接，消息统一路由并可实现应用就近接入，具备统一的服务发现与负载均衡模块以实现应用就近接入消息平台，支持自动发现消费端位置及统一路由模块处理，支持混合云应用场景即满足共享平台混合云部署下的消息集成。

（4）集成资产的业务流编排

系统间的数据集成可能会涉及上述物联设备数据、异构数据、消息数据三种的组合，同时也涉及数据集成的业务逻辑。把每个或每种系统（或设备）的数据集成标准化为集成资产，再加上基于集成资产的业务流编排能力，可以使集成配置效率提高30%以上。同时采用可视化编辑器可以极大降低技术难度，使得业务人员可以快速参与。

7.2.2 数据交换与共享关键技术

感知数据采集后，在城市各个局委办上层应用之间的数据交换和共享，会遇到各种定制化的共享需求，如何灵活适应，以及如何能直观管理数据交换和共享，就需要运用到可编排技术，包括图形化的业务流程编排和基于卡片机制的可视化呈现能力。

（1）业务流程图形化编排

北向数据共享和数据集成类似，也需要基于图形化的可编排能力。比如信息发布能力的调用过程（需求、审核、计量、发布、监测）、端到端的业务流程就可以基于业务流引擎的图形化编排能力完成。

（2）基于卡片机制的可视化呈现

感知网络数据及能力共享的运营过程需要可视化地呈现，比如一段时间内各局委办调用的能力数量和种类以直观的形式展现其发挥的作用。由于数据资产种类繁多，统计分析维度也相应较多，需要灵活地适应呈现内容以及呈现的终端（大屏、手机端等），因此需要基于卡片机制的灵活可视化呈现技术（图7-10），即将需要呈现的内容通过零代码开发成信息卡片，在不同呈现终端灵活组合或变更显示的卡片，并在不同终端实现信息同步和协同。可视化能力可以提供折线、柱状、饼图等可视化展现形式，具备基于地理地图的实时展现和统计信息。

7.2.3 数据资产应用开发关键技术

在共享平台上，除了采集的原始数据，开发和沉淀数据资产是不断提升平台价值的主要手段。

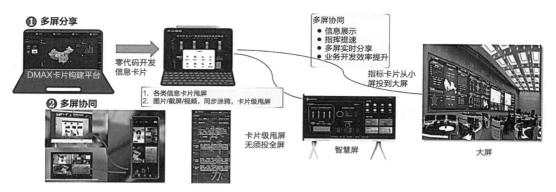

图7-10 基于卡片机制的可视化呈现
（图片来源：笔者自绘）

（1）流程可编辑

集成资产、共享数据资产等都运用了图形化业务流程可编排（图7-11）。业内应用开发也向此类低代码或无代码方向发展，数据资产也需要利用这一技术手段，实现业务人员参与快速积累。

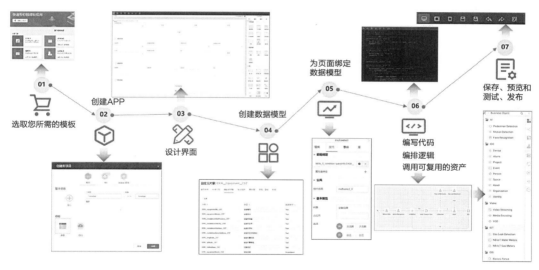

图7-11 流程可编排
（图片来源：笔者自绘）

（2）界面可编排

预置丰富的界面组件（如选择框、文本框、表格、下拉选择框等），通过拖拽方式实现前端界面的快速开发，并支持多终端界面开发，降低开发门槛，提升开发效率。其中，无码化开发可以通过页面自动生成，以组件拖拉拽的方式，通过属性配置，完成页面编排。

（3）数据模型定义可编排

通过UML、ER等，用可视化界面定义关系型数据模型（如站点设备资源数据模型，多功能智能杆挂载关系数据模型等）和非关系型数据模型（如发布信息数据模型、播放记录统计、感知数据统计信息模型等）。可定义接口数据模型和数据模型转换关系（如从第三方采集的数据映射到平台标准的数据模型，支持快速数据集成）。

（4）AI编排

在智能应用越来越广泛的今天，AI能力在感知网络上层应用中也越来越重要，城市治理、车辆识别、人脸识别等能节省大量的人工识别工作量。但AI算法、训练门槛较高，并非普通客户可以理解，对于业务人员来说更是如此，需要一个优秀的AI应用开发框架，既能降低对开发人员的技术要求，使业务人员可以快速参与进来，又具备灵活适配和高性能的特点，从而加快AI应用的上线速度。

因此，一个优秀的AI应用开发框架需要具备：屏蔽底层软硬件差，通过对异构硬件、操作系统和基础推理框架的兼容，实现一处开发、端边云多处部署；高效推理能力，通过智能调度、并发运行，实现推理效率成倍提升；全场景灵活开发，通过可视化编排开发、丰富预置功能，实现AI应用开发难度降低和开发速度提升。

7.3 数据计算、算法与应用技术

上述技术手段主要应用于感知网络数据的快速采集与快速共享。作为共享数据的提供方，感知网络平台除集成采集的原始数据外，需要进一步对数据进行加工，提升数据对于消费方的价值，同时提升数据共享模式的价值，从而促进感知网络共建共享模式的可持续发展。

数据的粗加工和精加工过程需要平台具备数据计算能力和城市感知网络应用的算法能力。

7.3.1 数据计算能力

在感知网络体系中，不同的应用场景会有不同的计算要求。在数据对时效性要求不高且数据量大的情况下需要离线计算能力。例如感知网络运营运维报表等。对于时效性要求比较高的场景，例如感知设备的运行异常识别、环境监测数据、雷达监测数据等，就需要实时计算能力。

随着技术的不断发展，数据计算引擎已经发展到混合架构，既支持离线计算又支持实时计算，如Flink分布式基于流的数据处理引擎。也可根据应用场景选择合适的计算引擎，比如对环境监测数据和设备性能数据等需要批量运算的，也可以选择如Spark批数据计算引擎。对于需要涉及联动、多维度数据联合判断的，还可以引入规则引擎。

视频监控识别，如机动车乱停放、占道经营等场景，就需要机器学习能力。AI框架在上一个小节已经提及。

7.3.2 用于城市感知网络应用的算法能力

上一小节的AI编排提到，全场景灵活编排的基础就是具备丰富的预置AI算法，也可称为AI原子能力，比如识别车牌就是一个原子能力，人脸识别是一个原子能力，以及占道经营、机动车乱停放等都可以是一个个原子能力，通过编排开发就可以实现一个应用场景，比如人脸识别门禁、交通事故自动识别车辆信息、机动车违规停放非现场执法处理等。图7-12是AI算法能力资产举例。

图7-12　AI算法能力资产举例

（图片来源：笔者自绘）

当前的AI算法应用主要围绕摄像头的视频监控。城市感知网络其他的感知手段，比如环境监测、智能井盖或垃圾桶、声音监测等需要进一步挖掘，不断增加算法能力，从而丰富感知网络的智能应用。

安全防护：构建体系化的全要素安全

以多功能智能杆为主体的感知网络体系作为支撑智慧城市治理的关键基础设施，需建立相关安全体系，合理管理和分配网络资源，防止滥用网络资源导致网络瘫痪，抵御病毒、恶意代码等对网络发起的恶意破坏和攻击，实现安全区域的划分和边界安全防护，保障网络系统硬件、软件的稳定运行。因此需要进行体系化的安全考虑，如：部署安全防御系统，加强网络安全管理，制定完善的安全管理制度，构建统一的安全管理与监控机制，统一配置、调控整个网络多层面、分布式的安全问题，提高安全预警能力，加强安全应急事件的处理能力，实现网络安全的可控性等。

参考政务网络的安全体系架构要求，智慧城市感知网络体系宜建设"立体防护、纵深防御"的"1重管控+6道防线+1个中心"安全防护体系，具体包含物理环境管控、终端安全、网络边界安全、云与租户安全、身份安全、应用安全、数据安全六道防线，以及管理与审计中心共八大维度。本章重点围绕泛网络安全、数据安全、应用安全三大领域进行探讨。

8.1 泛网络安全：软硬结合，多手段并用

8.1.1 终端安全：运用新技术实现安全增强

随着智慧城市业务的不断发展，除摄像头外，大量智能化物联感知设备不断接入感知网络体系，包含但不限于环境传感器、一键报警、红绿灯设备、电子引导屏、信号控制系统、户外WiFi AP热点等，种类繁多的物联感知终端不断接入会不断增加感知网络体系的安全风险。

视频监控设备部署地点大都暴露在道路、街区等公共场所，极易被恶意侵入，视频监控网络安全监管系统建设基本处于急需完善的状态。主要存在三类风险问题：前端被劫持，如黑客利用劫持的前端，发起恶意攻击；前端被私接，如黑客利用私接的笔记本，对内部应用系统进行入侵攻击；前端被仿冒，如黑客利用仿冒的前端对内部系统进行攻击。同时对于这些前端安全威胁，缺乏安全可视化管理，运维管理的难度大。

目前建议的终端安全部署方案除了接入认证外，进一步通过在边缘感知网络汇聚节点部署流量探针采集网络流量，基于网络流量特性和互访行为进行AI智能分析，识别终端资产类型和异常互访行为，确保物联感知终端不被仿冒。部署方案示意图如图8-1所示。

基于网络业务流量通过AI检测算法构建资产识别能力，主要根据客户提供的每类设备

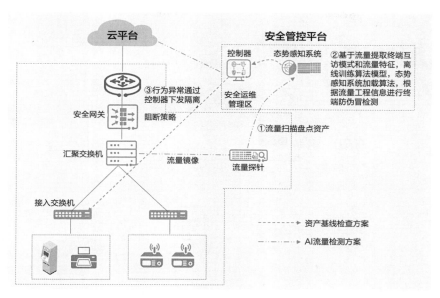

图8-1　终端安全部署方案
（图片来源：笔者自绘）

的访问规则（唯一性），通过扫描网络的流量，将符合盘点规则的资产IP进行识别，并形成资产设备列表。

上述方案在传统园区办公网已有较多应用，但物联感知终端与传统园区办公网有着截然不同的特点，其安全防护难点主要体现在"两多两少"：

通信协议多：物联通信协议标准多，各个厂家各有不同，导致市场上物联终端通信协议众多，识别各种协议非常困难。

通信流量多：部分物联终端需要长时间、周期性地上报数据，例如种类传感器、摄像头，对此类终端采流进行异常检测安全防护，网络设备性能压力大。

指纹信息少：物联终端使用静态地址部署，静态指纹特征如HTTP_UA、mDNS报文缺失。

传感流量少：部分传感器终端需要累积足量数据才能上报，此类终端数据量少，使用传统建模方法周期过长。

为了解决以上难点，可使用以下关键技术：

（1）被动指纹识别技术：基于终端特征报文，与内置指纹库匹配。其示意如图8-2所示。

（2）主动扫描技术：端口、服务、OS多维综合探测，动态构建指纹，高准确难仿冒，自主研发探针，协议深度解析与数据挖掘关联，特定场景终端100%覆盖识别。

（3）AI指纹自动挖掘技术：基于云化数据湖训练AI模型，实现网未识别报文一键自动提取规则后，快速迭代指纹库，解决终端数量多、敏感行业终端特征难获取、客户网络终端识别率低的问题。AI指纹自动挖掘技术示意如图8-3所示。

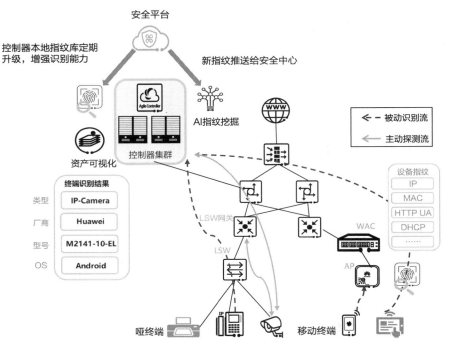

图8-2　被动指纹识别技术示意

（图片来源：笔者自绘）

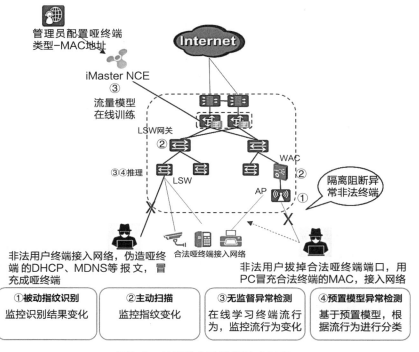

①被动指纹识别	②主动扫描	③无监督异常检测	④预置模型异常检测
监控识别结果变化	监控指纹变化	在线学习终端流行为，监控流行为变化	基于预置模型，根据流行为进行分类

图8-3　AI指纹自动挖掘技术示意

（图片来源：笔者自绘）

（4）流量实时异常检测：根据终端上报的流量数据，结合预置模型+无监督自学习AI流行为模型，基于场景自适应设定异常阈值，自身前后对比重构误差进行异常检测。流量实时异常监测技术示意如图8-4所示。

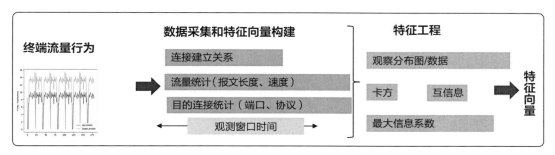

图8-4 流量实时异常监测技术示意

（图片来源：笔者自绘）

8.1.2 组网安全：云管边端立体防护

城市感知网络体系从技术架构上包括物联终端（含物联网关）、边缘组网、回传网、平台层、应用层等多个层次，网络安全需从多个层次保障，构建体系化的物联感知网络安全方案（图8-5）。

（1）物联终端接入安全认证：物联终端接入物联网应进行身份认证，防止私接和仿冒，物联网关以及网络管理平台应支持基础的MAC、802.1x认证以及二次认证（MAC+证书），

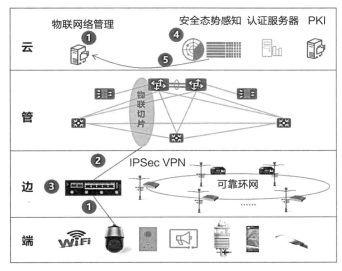

图8-5 城市物联感知网络安全方案

（图片来源：笔者自绘）

宜增强支持物联终端指纹识别；

（2）加密回传防篡改：物联网关到物联网平台间数据应支持加密传输，防止物联数据被破解和篡改，物联网关应支持基于国密算法的IPSec VPN，包括国密SM4/3/2算法；

（3）智能网关内置防火墙：内置防火墙能力支持流探针、二层ACL、包过滤等，提供本地安全策略，也可与安全态势感知系统联动进行安全威胁本地阻断；

（4）AI感知终端流行为分析：在物联终端接入认证以及加密传输的基础上，宜通过智能网关内置流探针或独立流探针采集物联终端流数据并提取特征信息给物联网安全态势感知平台，平台宜基于AI进行物联终端流行为建模并识别存在异常流行为的终端，防范物联协议攻击；

（5）网安联动：针对已识别的存在安全威胁和问题的物联终端，物联网安全态势感知平台宜联动物联网络控制器在物联网关进行近源阻断（阻断物联终端网络连接），避免人工分析、阻断的复杂性和滞后性。

8.1.3 物理安全：严格遵循物理安全标准

智慧城市感知网络体系由摄像头、传感器等各类感知终端和智能网关、路由器、交换机、计算机等物理设备组成，其物理安全是物联网安全的重要方面。主要包括：制定物理设备的物理访问授权、控制等制度；具备可靠稳定的供电要求；具备防火、防盗、防潮、防雷和电磁防护等物理防护措施。

电气安全是多功能智能杆站点物理安全的关键部分，电气安全应符合以下要求：

（1）强电弱电走线设计应保证独立、互不干扰，弱电应具备保护开关并具有漏电监测和告警功能。

（2）电缆采用穿电缆保护管敷设方式，电缆管连接应牢固，密封良好；强弱电管线应分别单独穿管敷设。

（3）多功能智能杆各类电气接口应符合相应的国家标准及要求。

（4）供电安全可靠，设备采用多个分路空气开关，维修相关设备时只需断开相应的空气开关，不用断电影响其他设备运行。

（5）防电磁干扰应采用设备接地、电源线和通信线缆隔离铺设、关键设备和磁介质实施电磁屏蔽等符合相应标准的措施。

（6）防雷接地符合《城市道路照明设计标准》CJJ 45—2015和《通信局（站）在用防雷系统的技术要求和检测方法》YD/T 1429—2006中5.3节的相关规定。

（7）多功能智能杆的门孔布设应高于浸水范围，做到防水防尘。门孔、接线端子的接线高度，特殊情况下应高位安装，避免发生门孔、接线端子被水浸没的现象。

另外，多功能智能杆杆体倾斜、倾倒也会影响行人和车辆安全，建议在杆体内部署倾斜传感器，实现杆体倾斜及时预警、及时处置，避免发生安全事故。

8.2 数据安全：盘清数据资产，全生命周期防护，监管数据流通

围绕智慧城市感知网络体系数据资源的流通和共享，在数据安全生命周期防护管理体系下建设数据安全整体管控平台，结合平台基础资源安全能力以及密码安全防护体系，形成针对数据信息安全的一系列管控能力，主要包括：数据发现能力、内容识别能力、分类分级能力、数据访问控制能力、数据脱敏和加密能力、数据泄露检测能力、数据访问行为分析能力、内容核查能力、数据溯源能力、数据销毁能力等。同时要具备与安全管理中心的规范接口，能够将与数据安全相关的日志、事件、告警等信息发送到数据安全中心做综合分析和展现。

根据智慧城市感知网络体系的业务特点、数据安全风险分析以及数据重要程度分类，充分考虑数据信息机密性、完整性、认证及不可否认性，按照数据全生命周期安全的原则，在完成数据安全梳理服务和数据分类分级的前提下，建立数据安全防护框架。通过部署数据资产梳理系统、数据库审计系统、数据脱敏系统、数据防泄漏系统、数据安全网关、数据泄露检测系统和数据安全综合管控平台等基础数据安全产品，并与密码合规安全体系联动，打造全方位的数据安全保障体系。基于如下数据安全防护架构（图8-6），重点关注三个方面：

一是对数据资产进行梳理。按照数据安全风险管理思想建立可自我改进和发展的数据安全管理体系。通过组织建设、人员队伍建设、制度保障建设、安全能力建设、数据分类

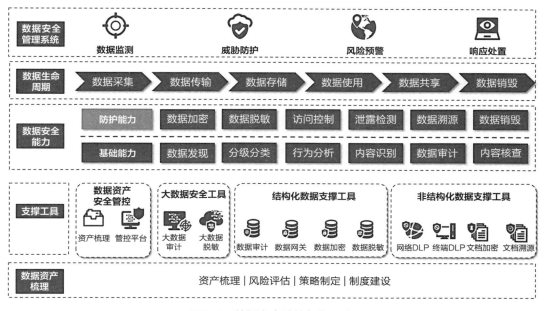

图8-6　数据安全防护架构示意

（图片来源：笔者自绘）

分级、数据资产梳理和敏感数据发现等多个维度，最终形成数据资产全面保护的策略支撑、制度支撑、组织支撑、分类分级标准支撑等，为数据安全基础能力建设和扩展能力建设提供参考依据和整体保障。数据安全支撑工具是数据安全整体方案中的基础设施，为数据安全防护提供多种防护能力。主要分为：数据资产安全管控工具、大数据安全支撑工具、结构化数据安全支撑工具和非结构化数据安全支撑工具。

二是基于数据全生命周期进行安全防护。基于数据安全的风险分析，针对数据采集环节，采用身份认证、准入控制、分类分级等手段，保障大数据被依法依规采集和获取；对于数据传输环节，采用隔离交换、传输加密和完整性校验等手段，保障数据的安全传输；对于数据存储环节，采用数据发现、标记、分类分级、加密等手段，保障数据的安全存储；对于使用环节，通过数据认证授权、访问控制、审计、脱敏等手段，保障数据的合规使用；对于共享环节，采用动态脱敏、应用授权和审计等手段，保障数据的安全共享；对于数据销毁环节，采用介质销毁和内容销毁等手段，保障数据的安全销毁。总之，通过在数据采集、数据传输、数据存储、数据使用及共享、数据销毁各环节采取相应的安全防护措施，建立数据全过程的纵深安全保护体系，保障数据全生命周期安全。

三是建立数据安全整体管控平台实现数据流通监管。基于全局统一的敏感数据知识库提供一体化策略管理能力，基于数据流动监测和日志留存提供数据安全风险的感知和分析能力。通过敏感数据地图、策略协同、风险分析等特性，和数据全生命周期安全的控制点（终端数据防泄、网络数据防泄漏、大数据安全审计、数据库防火墙、数据库脱敏等产品）协同管理，实现数据可视、风险可管、数据可控的目标。

8.3 应用安全：重点构建平台安全能力

应用安全主要对应智慧城市感知网络体系平台安全，包括设备管理平台、连接管理平台、应用使能平台、业务分析平台、态势感知及风险处置平台等。城市感知网络体系可以参考《物联网基础安全标准体系建设指南（2021版）》（工信厅科〔2021〕34号）的要求，平台安全标准主要包括平台通用安全、平台安全防护、平台交互安全、平台安全监测和平台测试评估等。

平台通用安全：规范各类物联网平台通用数据安全、通信安全、身份鉴别、安全监测、物理安全和安全可信等方面要求，主要包括通用安全框架、平台可信计算等。

平台安全防护：规范物联网平台以及基于物联网平台开发的行业业务系统和对外应用组件的访问控制、防代码逆向、安全审计、篡改和注入防范等安全防护要求，主要包括平台业务基础安全、平台安全防护要求等。

平台交互安全：规范物联网平台之间、平台与上层业务系统或管理系统之间、平台与下层接入设备之间的数据交互、加密传输、交互接口配置和审计等方面的安全要求，主要包括不同物联网平台之间交互、平台与南向和北向之间交互等。

平台安全监测：规范物联网平台的安全监测、态势汇总等功能建设，主要包括物联网网络安全监测预警平台、物联网网络安全态势感知平台等。

平台测试评估：规范物联网平台的通用安全、平台安全防护、平台内部和平台之间交互安全、平台安全管理等方面的测试评估方法，主要包括物联网平台能力评估、安全防护测试、交互安全测试和安全管理评估等。

8.4 潜在需要持续解决的安全问题

物联终端是城市感知网络体系全要素安全的重要构成。考虑到不同终端设备厂商的安全技术能力参差不齐、标准不一，同时终端自身安全也受到其软件系统、设备模组及芯片等不同要素的影响，存在较大的风险。因此终端自身安全的增强以及标准化将是感知网络体系安全需要持续关注的问题。

终端安全主要包含：终端通用安全、模组安全、通信芯片安全、卡安全、行业终端安全、终端测试评估等几个方面。

终端通用安全：主要包括物联网终端硬件安全、操作系统安全、软件安全、接入认证、数据安全、协议安全、隐私保护、证书规范、固件安全、插件/组件安全等。

模组安全：规范通信模组在接入认证、数据交互、数据传输、抗电磁干扰等方面的安全要求，包括蜂窝通信模组和其他类型通信模组等。

通信芯片安全：主要包括通信加密算法、密钥管理、加解密能力、签名验签、数据存储、芯片安全基线要求等。

卡安全：分为管理要求和技术要求。其中，管理要求主要是规范物联网卡销售、登记、使用管理等；技术要求主要包括卡身份认证、分级分类、技术手段建设等。

行业终端安全：主要是指与各垂直行业密切相关的、具有特定功能的物联网终端安全要求，如智能门锁、监控设备等特定行业终端的特有安全要求。

终端测试评估：主要包括物联网卡安全测试、硬件安全测试、操作系统安全测试、软件安全测试、接入认证安全测试、数据安全测试、通信协议安全测试、固件安全测试等。

上述终端安全问题，需要通过产业标准进行牵引，并发挥产业生态的力量共同推进解决并不断提升终端自身安全能力。

全面升级：从多功能智能杆到数字站点

随着新基建及智慧城市建设进程的加速，体系化的规划和构建"城市全面感知"能力是支撑城市管理"全景感知、快速反应、科学决策"的重要基础。而多功能智能杆遍布城市的各类道路、街区、园区及公共场所，由点到线、连线成面，形成了覆盖城市的"毛细网络"，技术上实现"物联多样接入、数据统一采集，全面感知融合"的同时，凭借其潜在的感知交互能力，可以大幅度提升市民对于智慧城市的"获得感"。本章将会探讨如何基于城市多功能智能杆的汇聚技术和价值释放，把多功能智能杆打造成为城市的"数字站点"。

9.1 依托多功能智能杆构建城市外场感知能力

多功能智能杆的起源可以追溯到2010年IBM所提出的智慧城市愿景。智慧城市的概念源于2008年IBM公司提出的智慧地球的理念，是数字城市与物联网相结合的产物，被认为是信息时代城市发展的方向。智慧城市的实质是运用现代信息技术推动城市运行系统的互联、高效和智能化，从而为城市居民创造更加美好的生活。要建设智慧城市，首先需要建设一系列联网的基础设施，而基于分布最广泛的城市基础设施——路灯杆的信息化、自动化的系统建设会是新型智慧城市的最佳突破口。

近年来，在"新基建"浪潮下，城市建设的重心不断下移、力量不断下沉。城市治理逐渐由现代化向精细化方向深度发展，"多杆合一"是大势所趋。路灯杆、监控杆、信号灯杆等杆体作为城市不可或缺的基础设施，一直以来"单杆单用、多杆林立"现象比较普遍，使得城市道路上各种杆线林立，不仅影响市容市貌，还导致重复建设、重复投资、信息孤岛，造成资源浪费，增加了从建设到运营的全周期成本。"多杆合一，共建共享"不但能合理利用城市空间，美化城市环境，提升市民的幸福感与归属感，而且各部门和单位间能实现城市资源的共享，包括综合管廊、电力电源、通信网络等，节省国家财政资金；还能体现政府管理部门对城市基础设施规划、建设、管理的水平，实现政府各职能部门之间精诚合作、协调共进。在此基础上，搭载了多种设备的多功能智能杆进一步结合信息与通信技术（Information and Communications Technology，ICT），通过对市政、气象、交通、环境等数据的采集，形成一张覆盖全面、泛在互联的智慧感知网络，全面升级，从多功能智能杆到城市数字站点，实现新型智慧城市感知网络体系。

从国内视角来看，多功能智能杆基于早期智慧路灯的理念，逐渐集成智能化设备，演

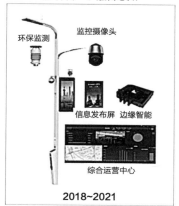
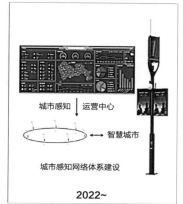

图9-1　多功能智能杆演进的三个阶段

（图片来源：笔者自绘）

进为新型的智慧城市信息基础设施。根据多功能智能杆的技术演变路线，其发展历程可分为以下三个阶段（图9-1）。

多功能智能杆1.0阶段——智能控制。通过应用PLC电力线载波、LoRa、ZigBee或NB-IoT等无线通信技术实现对路灯的远程集中控制与管理，主要聚焦路灯本身照明节能及控制功能的智能化运作。如具有根据过往的人或车自动调节路灯亮度、远程照明策略控制、运行状态检测、杆舱防盗等功能，能够大幅度节省人力调试和运维管理成本，提升公共照明管理水平，实现节能减排。

多功能智能杆2.0阶段——智能联动。通过在杆体上挂载感知和智能化功能成为智慧城市外场感知末梢，推动城市基础设施尤其是杆塔类设施高效整合和集约建设，提升智能化运作效率；每根杆本身集成各类功能的同时兼顾数据的采集，通过数据分析、利用、融合感知，反哺智慧城市的各种应用场景，形成满足智慧城市愿景的初步应用。多功能智能杆2.0可以看作是基于设备的智能化联动站点，通过多功能智能杆站的统一操作平台可以形成杆站感知联动，以及基于杆站各类应用需求的政府主导部门的联动。通过对多功能智能杆站综合利用，达到对物件、物联网、城市硬件设施的管理及使用情况的管理功能。可以实现多功能智能杆站平台应用的远程运营，如固定媒体终端的精准广告推送、微基站部署、各类市政需求监测等商业运营及政务服务运营等功能。

多功能智能杆3.0阶段——智能交互。多功能智能杆在2.0阶段集成的智能化功能基础上，可基于边缘计算、云网、站点OS生态实现各种应用场景的智能联动与交互功能，具备端、边、云智能赋能场景，本地业务自闭处理，一碰即联等功能，在提升城市民生服务、应急事件处理、疫情防控疏导、事件快速响应方面有较大的提升，并围绕城市外场数据的汇聚、挖掘和应用，促进智能化基础设施建设和产业的深度融合，加速向数字化、网络化、智能化方向发展，为物联网、大数据、云计算、人工智能等高新技术的广泛应用和智慧城市建设提供重要支撑。目前国内多功能智能杆站的主流方案基本处于2.0阶段和3.0阶段之间，正在从多功能智能杆站为基础构建城市外场感知能力和体系建设，是多功能智能杆站建设的黄金时期。

9.2 汇聚技术，使能场景：感知网络应用场景化方案

科技创新的浪潮拍打着世界的角角落落，多功能智能杆不仅可以实现在智慧照明、智慧交通、智慧市政等特定行业领域的应用，还可以支撑推动智慧交通、智慧气象、智慧市政、智慧社区、智慧园区等涉及较多跨行业、跨部门协作的综合型应用，实现对城市各领域的精细化管理和城市资源的集约化利用（图9-2）。这些都得益于人工智能、云计算、大数据、物联网、5G等新兴信息通信技术的不断兴起和蓬勃发展。这些ICT技术与传统路灯结合正在不断渗透到城市外场感知、交互的各类场景，使之摇身变成智慧城市不可或缺的重要载体，也正是这些新技术引领着智慧城市更快地向纵深发展。

图9-2 智慧城市应用示意
（图片来源：笔者自绘）

9.2.1 多功能智能杆的基础应用场景

（1）智慧照明子方案

城市多功能智能杆的照明方案通过电力线载波技术构建基于既有电力线的智能传感网，以PON/无线作为通信桥梁，以开放、智能的PLC-IoT多业务承载控制器作为核心控制组件，可自由对接差异化的照明控制应用系统，旨在构建多级智能控制、可视化管理、安全可靠和全层次开放的照明物联网（图9-3）。

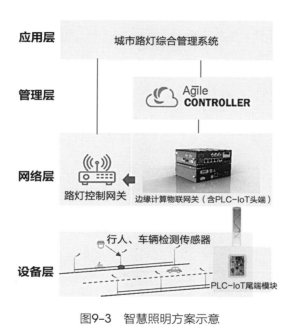

图9-3　智慧照明方案示意
（图片来源：笔者自绘）

正常情况下多功能智能杆按照设定的计划，在不同时段定时开关、亮度挡位的调节。在某些高纬度地区，夏天和冬天日出日落时间差别大，可根据所在地经度、纬度，自动计算该地区日出日落时间，降低客户计划编制的工作量。智慧开关及亮度调节价值收益如图9-4所示。

（2）信息发布子方案

城市多功能智能杆信息发布系统，是户外信息发布、营销宣传等最优的选择，为城市道路、工业园区、商业广场等场所提供最为亮丽的信息发布平台。显示屏可显示的内容为：市政设施报警信息、社会公益及政务信息、违章信息发布警示、紧急情况警告、区域地图显示、便民气象及商业广告等。多功能智能杆信息发布方案示意如图9-5所示。

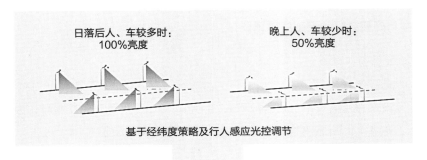

图9-4　智慧开关及亮度调节价值收益
（图片来源：笔者自绘）

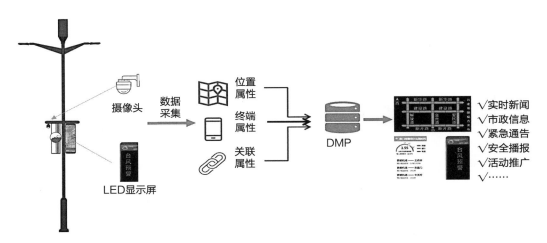

图9-5　多功能智能杆信息发布方案示意
（图片来源：笔者自绘）

（3）WiFi子方案

在热点区域（如公园、广场、步行街等）、道路两旁的多功能智能杆或交通杆上部署无线AP，AP接入杆站网络ONU，通过光纤连接OLT。利用AP的WiFi 6无线信号，解决市民无线上网的需求，提升公共WiFi 6覆盖的深度和广度，并支持多种不同场景的拓展应用。具体如图9-6所示。

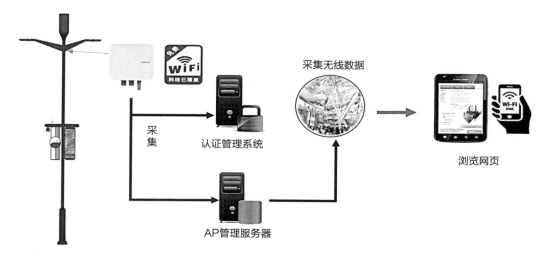

图9-6　多功能智能杆WiFi方案示意
（图片来源：笔者自绘）

WiFi 6是下一代802.11ax标准的简称。随着WiFi标准的演进，WFA为了便于WiFi用户和设备厂商轻松了解其设备连接或支持的WiFi型号，选择使用数字序号来对WiFi重新命名。另一方面，选择新一代命名方法也是为了更好地突出WiFi技术的重大进步，它提供了大量新功能，包括增加的吞吐量和更快的速度、支持更多的并发连接等。根据WFA的公告，现在的WiFi命名分别对应如下802.11技术标准（表9-1）。

802.11技术标准　　　　　　　　　　表9-1

发布年份	802.11标准	频段	新命名
2009	802.11n	2.4GHz或5GHz	WiFi4
2013	802.11ac wave1	5GHz	WiFi5
2015	802.22ac wave2	5GHz	
2019	802.11ax	2.4GHz或5GHz	WiFi6

（4）环境监测子方案

城市多功能智能杆环境监测系统具有多种监测功能，可针对不同需求的客户配备需要的传感器。环境传感信息将被传送至服务器端，以便进一步地处理、分析与保持等。多功能智能杆环境监控方案如图9-7所示。

环境监测设备安装在多功能智能杆较高的位置，能够采集到周围环境的污染情况，比如PM2.5等数据，并分析得到一个相对准确的数据显示在LED显示屏上。环境监测设备包括"温度传感器""PM2.5传感器"等。环境监测设备主要实现实时环境数据的采集并与显示屏进行多功能联动。

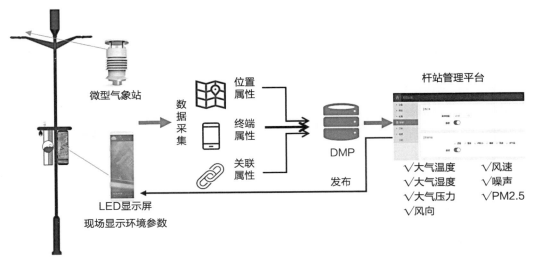

图9-7　多功能智能杆环境监控方案示意
（图片来源：笔者自绘）

（5）智能视频子方案

视频监控是城市安全防范的重要组成部分，而AI摄像机是视频监控系统最核心的设备，清晰、稳定的摄像质量是视频监控系统的基本保证。为加强城市治安管控，需通过科学合理地选点、布点原则，坚持统一标准、科学推进、统筹规划、分步实施的建设思路。根据治安形势特点，因地制宜、灵活设置监控点位，建设要求按照城市道路交叉口无死角，主要道路关键点无盲区，人员密集区域无遗漏，最终达到疏而不漏的目标，完成全高清监控点位的覆盖。

AI摄像机可直接安装在多功能智能杆上，通过全光回传网络，将视频数据回传至中心机房，通过ONVIF、《公共安全视频监控联网系统信息传输、交换、控制技术要求》GB/T 28181—2016或SDK接入数据中心的视频云平台上进行存储和解析，实现所有视频数据统一存储、统一管理、统一分析、统一可视，AI事件检测中心联动显示屏及IP广播，提升处理效率。多功能智能杆智能视频方案示意如图9-8所示。

（6）紧急呼叫与广播系统

紧急呼叫与广播系统主要由紧急呼叫终端、IP户外公共广播音柱、对讲与广播服务器、桌面式对讲终端等组成。

基于多功能智能杆部署紧急呼叫系统能实现监控中心可视对讲，并对外广播和户外分机呼叫监控中心。对外广播能够实现紧急信息、通知、政务、新闻等信息的发布，无论园区主路还是支路，只要装有紧急呼叫系统，园区各类人员就能第一时间收到相关的信息，确保了时效性。此外，当有突发情况发生时，例如老人摔倒等，也可以通过户外分机实现紧急呼叫监控中心，第一时间获得援助。其具体方案示意如图9-9所示。

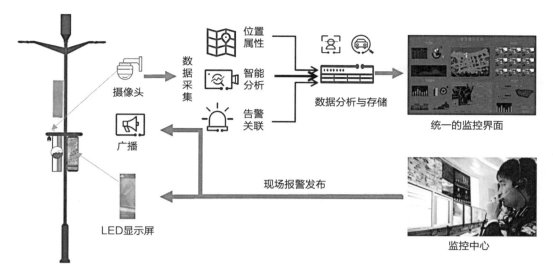

图9-8 多功能智能杆智能视频方案示意

（图片来源：笔者自绘）

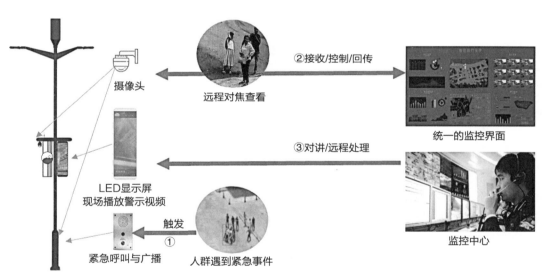

图9-9 多功能智能杆紧急呼叫与广播方案示意

（图片来源：笔者自绘）

（7）5G基站共站址

随着智慧城市5G部署的到来，以多功能智能杆站为纽带，建设智慧城市物联网基础设施。多功能智能杆站设计支持5G微站挂载，为智慧城市日后的5G应用如智慧车联、无人机、智能机器人等，提供高速率、低时延、大带宽的联结节点。其无线基站部署方案示意如图9-10所示。

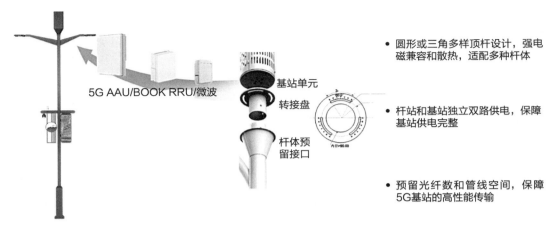

5G AAU/BOOK RRU/微波

基站单元

转接盘

杆体预留接口

- 圆形或三角多样顶杆设计，强电磁兼容和散热，适配多种杆体

- 杆站和基站独立双路供电，保障基站供电完整

- 预留光纤数和管线空间，保障5G基站的高性能传输

图9-10 多功能智能杆无线基站部署方案示意
（图片来源：笔者自绘）

（8）智能配电盒

城市多功能智能杆站比传统杆站增加了多种弱电设备，在设备安装和维护时强弱电混合，存在电源管线复杂、漏电伤人等风险，同时存在多适配器拼装带来的安装、接线、维护困难等问题。因此，城市多功能智能杆配电箱采用强弱电分舱结构设计，提供一体化电源模块给杆体挂载设备供电，打造安全无忧的供电环境。其配电系统架构示意如图9-11所示。

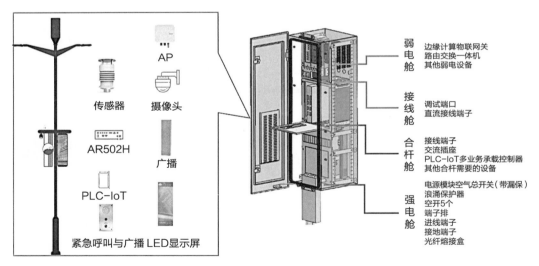

AP

传感器

摄像头

AR502H

广播

PLC-IoT

紧急呼叫与广播 LED显示屏

弱电舱 边缘计算物联网关
        路由交换一体机
        其他弱电设备

接线舱 调试端口
        直流接线端子

合杆舱 接线端子
        交流插座
        PLC-IoT多业务承载控制器
        其他合杆需要的设备

强电舱 电源模块空气总开关（带漏保）
        浪涌保护器
        空开5个
        端子排
        进线端子
        接地端子
        光纤熔接盒

图9-11 配电系统架构示意
（图片来源：笔者自绘）

智慧一体化配电箱，分为弱电舱、接线舱、强电舱等，支持安装PLC多业务控制器、光网络单元、电源系统等设备。所有设备通过挂耳或导轨固定，可根据具体情况进行合理地调整。

9.2.2 创新应用方案探索

多功能智能杆基于边缘计算、云计算和传输实现城市各职能部门应用场景的智能联动与交互功能，具备端、边、云智能赋能场景，本地业务自闭处理，一碰即联等功能，因此，边缘计算、传输、云计算之间可以建立互补协同关系。而云网边端等多种技术的协同运用也更有助于我们结合实际业务需求打造更加丰富的应用场景。

首先，多功能智能杆可以与边缘AI充分结合。边缘计算部署在多功能智能杆舱体或路边柜，既靠近执行单元，更是云端所需高价值数据的采集和初步处理单元，可以更好地支撑云端应用；反之，云计算通过数据分析优化输出的业务应用或算法模型可以便利地下发到边缘侧，边缘计算基于新的业务应用或算法模型运行提供灵活和体验更优的服务。同时，安全的网络切片传输可以为客户提供更加稳定、灵活和可扩展的网络能力。因此，可以通过业务、应用、AI算法、网络等方面的技术协同来构建或满足新的业务场景需求，为城市的智慧化发展创造更大的价值。多功能智能杆AI算法联动方案示意如图9-12所示。

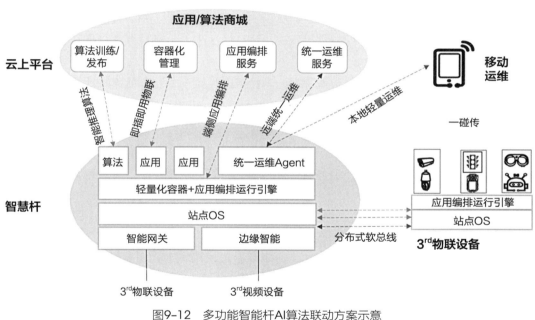

图9-12　多功能智能杆AI算法联动方案示意
（图片来源：笔者自绘）

其次，多功能智能杆可以通过云化技术对计算、网络等物理设备进行池化管理（图9-13），实现软件定义多功能智能杆的能力（即软件定义应用、软件定义网络、软件定义算法、软件定义物联能力），并提供开放、敏捷、高效的轻量化云化资源环境，以资源服务化方式支撑多功能智能杆站物联设备挂载、智能应用、安全回传等服务，满足城市运营的诉求，促进商业变现。

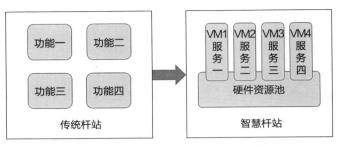

图9-13 多功能智能杆硬件资源池化管理

（图片来源：笔者自绘）

同时，要围绕多功能智能杆持续开展创新应用方案的孵化，还需要具备以下两方面服务能力。

（1）感知应用编排服务

云编排APP开发平台，是由云端的云编排应用开发工具和终端设备上的运行引擎构成的，提供站点应用的流程化编排、业务逻辑配置实现以及场景运行控制。运行引擎负责物联APP的运行及业务本地处理，同时依托物联管理平台、微应用管控中心、智能终端等边缘设备，实现云编排物联APP的开发、检测、上架、分发、部署、运行等全过程管理。

（2）感知运维服务

统一运维系统实现对多功能智能杆站光网接入与传输设备、智能边缘计算网关、摄像机、无线AP等设备的统一运维管理，自动采集性能数据，以进行趋势分析和容量规划，并提供监控告警服务和数据分析服务，通过一张图管理全网全站的运行状态和维护管理（图9-14）。

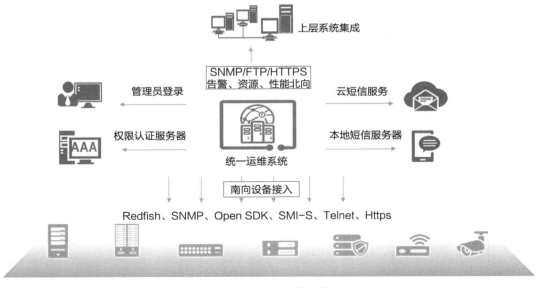

图9-14 统一运维系统

（图片来源：笔者自绘）

统一运维系统应该具备如下能力：

（1）提供集中告警管理功能，用于实现对各类监控功能所产生的告警消息进行统一分析和处理。告警按告警紧急程度分为紧急告警、重要告警、普通告警和信息类告警，级别不同，告警显示颜色不同。运维人员可根据告警等级进行告警筛选显示。系统能够为不同的监控对象设置不同的通知规则，可以启用、停用规则，可以删除、修改规则。支持短信、邮件告警通知，以及语音播报。

（2）支持从全景视角以概览形式查看全部设备的状态统计，直观地展示了光网接入与数通接入设备、智能边缘计算网关、摄像机、无线AP的在线情况及设备总数，并可单击进行设备详细信息的查看，包括基本信息、告警、关键KPI。管理者或用户可以查看配置统计情况，以及统计分类。

（3）提供基于GIS的站点状态可视化能力，展示区域内的站点状态。支持展示区域内站点的设备状态统计、告警统计，便于管理员对全网站点的运行状态进行快速巡检和风险评估。

（4）支持北向对接能力，将站点设备的信息、状态、告警、性能上报至上层业务运营系统，支撑上层业务运营系统的分析和决策。

9.3 核心升级，打造数字站点的操作系统

9.3.1 现状、问题分析及站点OS的必要性和价值

操作系统是生产设备控制系统的灵魂，是实现集约化、智能化的关键技术。以某城市多功能智能杆站建设为例，当前城市多功能智能杆站涉及来自50多家供应商的10余类操作系统和20多种协议，设备间的协同工作需要进行协议对接，设备连接耗时耗力，严重阻碍了智能化建设进度。为加快城市外场基础设施数值化转型进程，在站点操作系统方面进行攻关势在必行。

（1）操作系统是站点设备控制系统的重要组成部分，是智能设备的核心和灵魂

从设备分层架构（图9-15）来看，操作系统向下，可以实现对各种软硬件资源接入、控制和管理；向上，可提供开发接口、存储计算及工具资源等支持，并以APP的形式提供各种各样的服务，在站点设备中占据核心地位。

操作系统是硬件设备和软件应用沟通的桥梁，其重要性主要体现在如下几个方面：

一是地位关键：操作系统是站点设备的基础。没有操作系统，站点设备无法有条不紊地交互运行，智能化就更无从谈起。

二是需求突出：一站多能涉及的设备厂商多，操作系统种类多，协议七国八制，数据互通困难。

三是安全可信：目前站点设备的主流操作系统涉国外技术多，产业链风险大。

无论站点智能设备还是其他生产制造，操作系统已经成为全球科技竞争焦点，操作系

图9-15　站点操作系统设备分层架构

（图片来源：笔者自绘）

统也是国家"核高基"重大科技专项的重要组成部分。

（2）现有站点设备的操作系统不满足集约化、智能化建设的需要

对于站点设备中占据核心地位的操作系统，当前在自主可控、安全可信、智能互联等方面，与城市感知智能化建设的要求差距较大，主要存在如下问题：

1）操作系统均采用外国技术，被"卡脖子"风险极大

当前站点设备操作系统绝大多数核心技术和产品缘起于国外，涉及设备所使用的各种操作系统，如Windows、Android、Ubuntu、FreeRTOS、uC/OS-Ⅱ等，其核心技术、发展方向、利益分配方式均被国外企业把控，产业链风险很大。

比如多功能智能杆站的一台国产IP广告屏，就涉及2种以上操作系统、3种以上通信协议和几十种芯片，且大部分为进口。

2）行业操作系统需要专业投入支持，国外操作系统安全漏洞修复不及时

即便国外厂家暂时不会有意利用操作系统的问题，当前站点设备操作系统中的现有问题也会带来很大麻烦。操作系统也是一种软件，开发过程中虽然投入很大，测试很充分，但安全漏洞都是不可避免的，以历史经验和实际运作链条来看，对于国外免费开源的操作系统，甚至是闭源的操作系统，国内设备厂商对漏洞的修复能力不足，过于依赖国外大厂，漏洞修复时间长，会出现修复不及时的问题。漏洞一旦被发现而不能及时修补，就相当于打开了系统的大门，严重威胁使用安全。广告屏就模拟过通过黑客手段攻破并发布不法言论的测试。

3）站点设备接口协议"七国八制"，制约数据价值的挖掘和应用

站点系统内含通信、视频监控、照明、环境监测、交通、信息发布、能源、运维等多个子系统，呈现出以单种类设备为单元的割裂式管理现状，产品设计需考虑各系统的兼容、协同，以及产品服务的升级、回退、扩容等。

烟囱式的系统建设独立部署，且维护成本高，严重制约了数据的流通与协同应用。同时，现有系统的通信协议、数据规范缺乏统一标准，数据格式不统一，网络通信协议、业务系统和系统间协同控制兼容性差，很难实现数据集成和交互。

针对上述国产化操作系统缺失、安全形势严峻、数据通信协议不统一等问题，城市感知网络体系亟待构建满足自主可控、安全可信、智能互联的新一代国产化站点操作系统。

9.3.2 "站鸿OS"，面向万物互联时代的全场景分布式操作系统

（1）站鸿操作系统总体介绍

站鸿操作系统是新一代面向数字站点的工业物联网操作系统，为数字站点中不同设备的智能化、互联与协同提供了统一语言，实现一套系统覆盖大大小小的站点设备，通过独有的分布式软总线技术让设备一碰即连、互相感知，无屏变有屏，小屏变大屏。通过站鸿OS统一数据模型和数据接口，可以解决当前数字站点中设备数据通信协议"七国八制"的问题和数据孤岛的问题。并针对数字站点的安全可信进行了专项保障，构建数字站点设备系统安全护城河。

站鸿操作系统架构分为三层：OpenHarmony底座能力层，站鸿独立特性层、站鸿特性接口层。同时对上（应用软件）提供运行环境和统一API接口，对下（硬件设备）可高效管理设备并提供互联互通能力，其架构示意如图9-16所示。

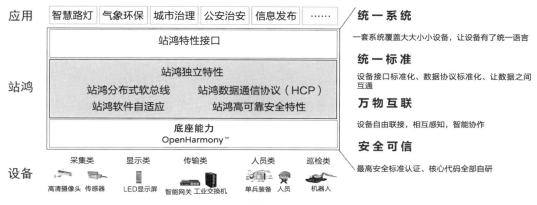

图9-16　站点鸿蒙操作系统架构示意

（图片来源：笔者自绘）

1）OpenHarmony底座能力

基于OpenHarmony操作系统实现对设备硬件的抽象，如进程管理、内存管理、文件系统和外设管理等。

内核子系统：采用多内核（Linux内核或者LiteOS等）设计，支持针对不同资源受限设备选用适当的内核。

驱动子系统：驱动框架（HDF，Hardware Driver Foundation）是系统硬件生态开放的基础，提供统一外设访问能力和驱动开发、管理框架。

2）站鸿特性

主要分为站鸿分布式软总线、站鸿数据通信协议（HCP）、站鸿高可靠高安全和站鸿软件自适应。

3）站鸿特性接口

不同类别的设备，如感知类、检测类、控制类、视觉类等适配站鸿操作系统，屏蔽底层硬件差异，架构归一，功能组件标准化，为上层应用软件提供统一API接口，智慧化应用可以灵活组合，根据场景按需实现。

（2）站鸿操作系统的技术特点

站鸿操作系统是新一代面向数字站点行业终端的工业物联网操作系统，为不同设备的智能化、互联与协同提供了统一语言，实现一套系统覆盖大大小小的站点设备，通过统一协议让不同厂家设备可以智能互联互通，并针对数字站点行业的安全可信进行了专项保障，具备如下特点：操作系统大小可裁剪，适用于多种不同形态的设备；统一数据协议制定，通过制定统一接口、数据协议，让设备之间说同一种话、说有价值的话，解决信息孤岛问题；平台开放原则，市场所有厂商都可进行适配、开发；自诊断原则，操作系统具备支持设备本身自我问题诊断、主动报警功能；接口丰富多样，不同软硬件厂商可依据自身开发的需要调用不同的接口进行业务开发；支撑设备快速接入原则，支持设备无线接入，可通过手持终端和近端方便、快捷地操作设备；安全可信，是全球和国内最高安全标准认证，核心代码全部自研。

站鸿操作系统需要更好地服务数字站点场景建设需求，比如：实现设备交互方式的转变，碰一碰，无屏变有屏；实现设备数据管理方式的转变，统一数据传输协议，实现设备间数据互访问，让数字站点的设备直接进行联动与协同，实现边缘自治；实现设备连接方式的转变，站点能够装备自动识别、即插即用，设备自动组网、自动配置；实现设备运维方式的转变，无人化巡检，实现数字站点外场少人目标，同时操作系统软件可以在线升级，提高运维效率。

（3）站鸿操作系统的独有特性

站鸿操作系统是以OpenHarmony为基础构建的一款面向万物互联时代的、全新的分布式操作系统。在传统的单设备系统能力的基础上，OpenHarmony提出了基于同一套系统能力、适配多种终端形态的分布式理念，能够支持数字站点的多种产品形态。

多功能智能杆作为一个全新的可以包含多种设备的数字站点，设备形态丰富，既有传感器采集设备，比如气象监测、环境监测、交通信号灯控制，又有无屏幕的大数据量处理设备，比如监控摄像头、WiFi热点、紧急视频通话求助设备，还有带屏幕的操作类设备，比如信息发布与查询设备、智慧停车管理终端等。OpenHarmony依据设备能力划分为轻量系统、小型系统和标准系统，正好与数字站点设备能力形态相匹配，设备厂商可以根据自己的设备能力来选择相应的OpenHarmony的产品类型，从而使自己的设备更好地融合到数字站点中来。

轻量系统（Mini System）：面向MCU类处理器，例如Arm Cortex-M、RISC-V 32位的设备，硬件资源极其有限，支持的设备最小内存为128KB，可以提供多种轻量级网络协议、轻量级的图形框架以及丰富的IoT总线读写部件等。可支撑的产品如智能家居领域的连接类模组、传感器设备、穿戴类设备等。

小型系统（Small System）：面向应用处理器，例如Arm Cortex-A的设备，支持的设备最小内存为1MB，可以提供更高的安全能力、标准的图形框架、视频编解码的多媒体能力。可支撑的产品如智能家居领域的IP Camera、电子猫眼、路由器以及智慧出行域的行车记录仪等。

标准系统（Standard System）：面向应用处理器，例如Arm Cortex-A的设备，支持的设备最小内存为128MB，可以提供增强的交互能力、3D GPU以及硬件合成能力、更多控件以及动效更丰富的图形能力、完整的应用框架。可支撑的产品如高端的冰箱显示屏，复杂界面的操作终端等。

1）站鸿分布式软总线

基于OpenHarmony操作系统的近场感知、分布式软总线、分布式设备虚拟化、分布式文件、分布式数据库等分布式技术，结合站鸿应用场景需求，进一步技术增强，实现站鸿设备分布式互联特性，面向站鸿行业提供极简联接、无缝流转、极简协议、高速低时延、高可靠的通信体验，让站鸿行业的各种终端设备智能组网，无缝联接。

2）统一数据模型和数据接口

站点设备接口协议"七国八制"，制约了数据价值的挖掘和应用等问题，通过站鸿操作系统层面将数据模型和数据接口统一化，设备厂家通过集成站鸿操作系统实现数据模型和接口统一，加快了数据统一的过程。

通过站鸿操作系统的统一数据模型和接口，可以加快实现感知网络体系设备万物互联。同时提供统一标准（北向协议），多设备的数据上送、数据封装、消息处理，实现一跳入云。

3）站鸿系统高可靠、高安全

围绕"正确的人通过正确的设备正确地访问数据"，来构建一套新的纯净应用和有序透明的生态秩序，为用户和开发者带来安全分布式协同、严格隐私保护与数据安全的全新体验。

基于硬件的可信执行环境（Trusted Execution Environment，TEE）来保护站鸿行业设备的敏感数据的存储和处理，确保数据不泄露。

基于预制设备证书向其他虚拟终端证明自己的安全能力。对于有TEE环境的设备，通过预置PKI（Public Key Infrastructure）设备证书给设备身份提供证明，确保设备是合法制造生产的。

4）站鸿软件自适应

站鸿操作系统提供了用户程序框架、Ability框架以及UI框架，借助统一IDE及工具链，开发者能够实现相似性应用或功能的一次开发、多端部署，让软件部件化具备自适应不同设备的能力，实现跨终端生态共享。这种通过组件化和小型化的设计方法，支持多种终端设备按需弹性部署。

对应用开发者而言，操作系统采用了多种分布式技术，使应用程序的开发与不同终端设备的形态差异无关。这能够让开发者聚焦上层业务逻辑，更加便捷、高效地开发应用。

对设备开发者而言，操作系统采用了组件化的设计方案，可以根据设备的资源能力和业务特征进行灵活剪裁，能满足不同终端设备对于操作系统的要求。

9.3.3 站点OS典型应用能力

多功能智能杆适用于各种空间场景，应用于各行各业，能够提供丰富的功能应用，但其使用仍存在一些缺陷，如融合感知力较弱、设备接入需协议适配，接入工作量大、新杆开局配置复杂、现场巡检维护工作难度大等。站点OS在多功能智能杆上的应用有效地解决了上述问题。

（1）基于站鸿操作系统硬件互助，资源共享赋予多功能智能杆融合感知能力

当前多功能智能杆上拥有数量众多的端侧设备，包括路灯、无线AP、视频监控、交通信号灯、环境传感器、风光互补一体化储能、分布式储能、信息发布屏、公共广播、一键呼叫、无人机、微站+无人驾驶、车路协同、边缘计算等，每个设备通过网关将数据传输到物联网络与后端的系统平台交互，基本实现了数字化管理。在这种架构下端侧设备的操作依赖后台指令，设备与设备间不具有交互能力。

以站点的环境传感器为例，温湿度传感器监测到空气湿度低、气温高，通知端侧的算力单元（拥有算力的网关等控制单元和拥有算力的显示屏）要求空气质量传感器监测空气中粉尘，并采集不同传感器的数据进行边缘计算，启动水雾喷洒，将综合数据标记后上传到大数据平台进行记录分析。

通过站鸿的分布式硬件能力，实现资源共享，不同传感设备和各种功能性设备在端侧相互配合，获得端侧融合感知能力，操作功能性设备做一些不需要后端决策的功能操作，并将数据初步加工计算标记，上传到大数据平台后也可提高大数据分析的效率和准确度。

（2）借助近场感知与传感器感知技术，赋能杆站智能巡检降本增效

当前杆站巡检存在诸多掣肘难题：巡检养护耗时费力且效率低，如设备巡检运维诊断问题需拆卸打开设备；一线巡检运维安全性低且成本高，如杆顶设备巡检，需要封路甚至搭梯爬索；巡检效率和效益难以可持续保障，如设备巡检养护质量严重依赖个人能力经验和责任心。

借助站鸿操作系统在杆站设备本身及体系的智能化升级，通过近场感知与传感器感

知、分布式软总线等技术，实现杆上设备认证鉴权、资源虚拟化与数据共享，为巡检智能化奠定基础。巡检人员借助超级巡检PAD、智能眼镜、智能耳麦等单兵装备的赋能加持，为构建高效可靠的杆站智能巡检体系奠定基础。一线杆站巡检人员指定位置时，自动触发超级巡检PAD，对周边杆上设备运行状态信息进行伴随式数据采集。亦可对身边触手可及的杆站设备基于进场感知技术通过"碰一碰"的方式快速实现设备互联，调取设备更多信息，掌握设备的全息健康状况。当设备出现异常或故障时，可以一键调取设备维护保养知识库，辅助设备运维检修。检修完毕后，自动将过程进行案例保存更新丰富至知识库。

基于智能化升级，实现无拆卸设备信息获取、设备状态伴随式采集、设备检修知识库支撑，提升巡检效率与智能化水平，打破传统杆站巡检工作的时空束缚。

9.3.4 产业与生态协同，站点OS的应用与推进建议

站鸿操作系统的自主可控和国产化是解决工业互联网"卡脖子"问题的关键所在。在城市感知网络体系建设上的应用，是对城市感知网络设备协同场景的一次革新，因此我们需要联合相关部门、物联网企业、设备厂家等构建产业生态圈（图9-17），促进整个城市的产业可持续发展，推动城市感知网络体系标准的制定，并积极向行业标准组织、行业协会组织分享创新技术成果。

站鸿操作系统作为统一的基础底座，拥有完备的南北向开发平台与工具链，为站点设备厂商提供了一个可靠、稳定的技术平台，将大大缩短新产品新应用的开发周期，降低新产品、新应用的开发成本。

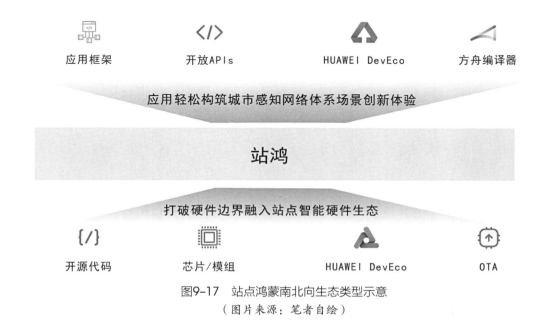

图9-17　站点鸿蒙南北向生态类型示意
（图片来源：笔者自绘）

篇章小结

在技术篇中，笔者探讨了对于"城市感知网络体系"的理解，诠释了其与智慧城市建设相辅相成的关系，并重点围绕"城市的感知觉""敏捷网络""数据资产与共享""全要素安全"四个关键技术领域提供了我们的技术方案思考及参考建议。

针对"城市感知网络体系"，做好"目标架构"的顶层设计是前提，由政府参与进行统筹规划及政策牵引是保障，聚焦完善并提升"城市感知交互能力"的全域覆盖是重心。因此，在当前阶段优先以多功能智能杆为载体构建城市感知网络体系是切实可行的最优实施路径。充分发挥多功能智能杆作为城市"数字站点"的价值和作用，离不开产业和生态的共同推进与努力，更离不开先行者的创新实践与探索。

下一篇，本书将通过"实践篇"来和读者进一步分享与探讨。

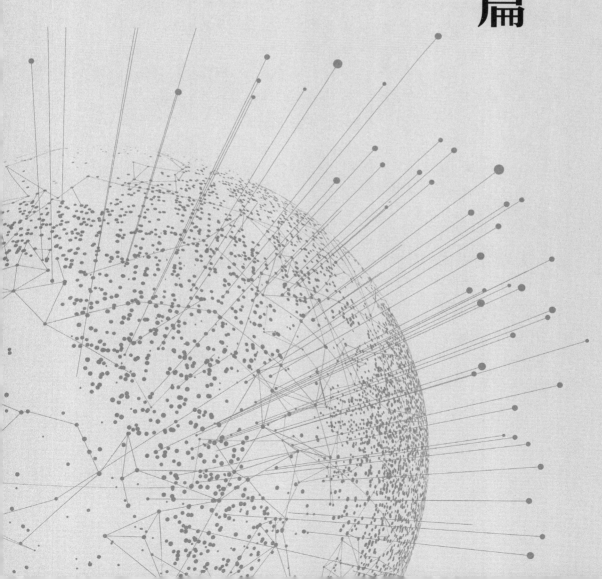

第3篇 · 实践篇

篇章综述

2022年9月，由中国工程院等20个机构单位共60位院士专家研制的全球智能城市评价指标体系（简称"CITY IQ"）正式全球首发。CITY IQ旨在测度城市生命体在"感知—判断—反应—学习"过程中的智慧程度，以评价智慧城市的建设水平。在2022年度CITY IQ总排行中，中国深圳市以134.8分位列全球第四，全国第一。

深圳，从40年前的一个小渔村，发展到今日拥有2000多万人口的"超大城市"，已率先开始探索如何从基础设施底层打破数据烟囱，构建开放共享、互联互通的城市数字底座，建立一个可感知、可共享的智慧城市感知网络体系。其中，有一种通光通电的新型基础设施，可以围绕通信基站、智慧交通、平安监控等城市需求，为智慧城市感知网络体系提供开放共享、互联互通的"神经末梢"。这种新的信息基础设施就是多功能智能杆，有些城市也称为多功能智慧杆或者智慧综合杆。2018年，深圳市印发的《深圳市多功能智能杆建设发展行动计划（2018—2020年）》，正式拉开了深圳建设多功能智能杆的大幕。

技术篇已从五大方面全面阐述了感知网络体系的技术体系。本篇将以深圳市为智慧城市感知网络体系建设的先进典型，重点阐述近年来深圳市如何在多功能智能杆领域，"摸着石头过河"，大胆开展顶层设计，相关主体如何探索可持续发展的商业模式，创新实施新型信息基础设施投资建设，并通过城市物联感知大数据平台打造智慧城市数字底座，建立信息基础设施的数字化产品与解决方案等。本篇将以鲜活的案例为未来建设感知网络提供第一手的经验和深入的思考。

10 顶层设计：统一运营、统一维护的统筹机制

独立智库ANBOUND认为，制定一项公共政策需要更多地体现系统性，减少"一刀切""合成谬误"，从而提升政策的系统性效果。作为新一代城市的公共基础设施，感知网络的规划和建设也需要得到强有力的政策支持才能顺利开展。随着我国智慧城市发展进入"深水区"，智慧城市建设暴露出以下痛点：一方面，由于缺乏统一指挥和协调机制，垂直管理的体制性壁垒依旧存在，城市和部门存在"各自为战"的现象，形成与"条线"相对应的相互隔离的"数据烟囱"。各部门均从各自职能出发进行市政设施的规划建设和运维，导致重复投资和建设。另一方面，因为缺乏统一的标准和规范，大量数据、信息无法兼容，信息资源"被迫"分离，形成"信息孤岛"。

因此，智慧城市的感知网络体系组织机制设计，一方面要提高顶层设计的系统性，使不同功能的、相互关联着的多个部门组成有机整体，采取协调一致的行动，做到整个政策体系上下统一、有效整合和高效统筹。另一方面以建立秩序为目标开展标准化工作，使标准化对象有序化程度提高。在统一标准和格式下部署设备、采集数据，对数据资源进行集中存储和统一管理，对数据资源的共享标准和流程予以规范，通过技术手段实现感知数据融合共享。

作为智慧城市建设的重要基础设施之一，感知网络体系遵循政府主导，企业攻坚，产业化全面推进的路线，结合新基建规划、基础设施建设、ICT技术发展和民生服务，构建城市物联网络基础，加速行业数字化转型，助力智慧城市升级，实现兴业、善政、利民。

10.1 他山之石：国内主要城市如何进行顶层设计

在5G加速部署及新型智慧城市建设的背景下，全国各地市纷纷出台相关支持政策，完善组织机制，强化顶层设计引领，各领域相关企业积极探索，推动我国多功能智能杆产业发展。其中，上海、成都、南京、广州等典型城市的做法值得参考借鉴。

10.1.1 上海市：市、区两级架空线入地和合杆整治指挥部，多部门联合推进工作

从2014年开始，上海市由市住房和城乡建设管理委员会探索灯杆综合利用，通过"架空线入地、综合杆整治""美丽街区"等专项整治行动开展城市更新工程。

专栏

典型城市推动多功能智能杆建设的做法

城市	主要文件	统筹机制	实施主体	实施情况
上海	《上海市城市道路杆件整合设计导则》《关于开展本市架空线入地和合杆整治工作的实施意见》等	（1）市政府办公厅建立联席工作会议制度，联席会议下设推进办公室并实体化运作；（2）上海市住房和城乡建设管理委员会作为统筹机构（下设上海市城市综合管理实务中心）	上海市架空线入地和合杆整治指挥部	从2018年起，上海开启了3年的架空线落地计划，预计完成470km架空线落地。中心城区伴随架空线落地也会有多功能智能杆项目建设
成都	《成都市城市照明设施及智慧多功能杆建设运营改革试点实施方案》	（1）成都市道路照明设施及附属资产资本化运营联席会议及时研究协调解决重大事项；（2）成都市城市管理委员会原城市照明管理处改制为成都市照明监管服务中心，提供监管服务	成都城投建设集团有限公司（城市照明服务和市场化经营）	将成都天府新区、成都高新区（南区）和锦江区、青羊区、武侯区、成华区范围内单纯的城市照明设施打造成集多种功能于一体的具有经营属性的复合型资产
广州	《广州市多功能智能杆建设管理工作方案》	（1）设立以分管工信的市领导为总召集人，协助分管工信和城建的市政府副秘书长为副召集人的多功能智能杆建设联席会议；（2）联席会议办公室设在市工业和信息化局，联席会议日常工作由办公室负责	广州信息投资有限公司	到2025年，全市建成多功能智能杆约8万根，建成多功能智能杆统一管理平台，推动智慧照明、智慧交通、智慧警务等一批智慧城市应用上杆
南京	《城市道路并杆导则》《城市道路杆件管理办法》	南京市城市管理局路灯管理处四个全资直属子公司分别包含路灯管养、城市管网建设、智能杆建设运营管理以及数据开发等业务	江苏未来城市公共空间开发运营有限公司（南京市路灯管理处100%控股）	2016~2018年来涉及道路共50条，总长90km，新建改造杆件数量7082杆，其中综合杆数量1904杆

内容来源：中金公司研究部，其他公开资料。

（1）建立联席工作会议制度

2017年，上海市成立"架空线入地和合杆整治指挥部"，市政府办公厅建立联席工作会议制度，联席会议下设推进办公室并实体化运作，统筹引导市区两级多部门推进工作，市住房和城乡建设管理委员会是其中的统筹机构。项目资金由市财政和区财政等政府部门牵头，电力公司也需要承担部分资金。在实际建设过程中，指挥部指定总包单位进行道路施工，并负责设备采购。多功能智能杆后续的运营费用主要由政府部门以公益电价统一支付。

（2）印发《关于开展本市架空线入地和合杆整治工作的实施意见》

2018年，上海市以进博会为契机，3月正式发布《上海市城市道路杆件整合设计导则》，并印发《关于开展本市架空线入地和合杆整治工作的实施意见》，基本确立了杆体、灯具、管线和基建施工部分由上海市住房和城乡建设管理委员会（下设上海市城市综合管理事务中心）牵头建设、运维和管理，杆体上各类设备由各使用部门建设、运维和管理的模式。并提出，到2020年，完成全市重要区域、内环内主次干道、风貌道路以及内外环间射线主干道约470km道路架空线入地及合杆整治；在架空线入地路段，整合公安、交通、通信等部门的需求，按照"多杆合一、多箱合一、多头合一"的集约化建设原则，同步推进以道路照明灯杆为主要载体的综合杆建设，有效整合和规范设置道路上各类杆件、标志标识、监控和城市家具，构建和谐有序的道路空间环境。

10.1.2 成都市：推动事业单位机构改革，实行"城市照明服务+市场化经营"多元化运营

2019年，成都市政府印发《成都市城市照明设施及智慧多功能杆建设运营改革试点实施方案》，提出将实施范围内（成都天府新区、成都高新南区和锦江区、青羊区、武侯区、成华区）现有城市照明设施的维护职能移交成都城投建设集团（成都城建投资管理集团2018年设立的全资子公司），并由成都城投建设集团对城市照明设施进行节能改造及市场化经营。新建、改扩建道路的城市照明设施由项目业主按照智慧多功能杆的标准规范及设计导则自行建设，建成后移交成都城投建设集团维护、运营；其余既有道路的城市照明设施由成都城投建设集团按照相关规划和需求及智慧多功能杆的标准规范建设、维护及运营。原市照明处更名为成都市照明监管服务中心，其承担的城市照明工程维护等生产经营性职责和相关人员及非公益性设施设备划入成都城投建设集团，监管服务等公益性职责予以保留。

成都市城市照明设施及智慧多功能杆建设运营改革试点分准备、全面推进、稳定运行三个阶段实施。成都市道路照明设施及附属资产资本化运营联席会议及时研究协调解决重大事项，相关部门及单位明确工作责任，落实专门力量，建立健全关于智慧多功能杆设计、建设和运营管理的政府部门间协调机制、行政和行业监管机制、企业参与建设和管理

的市场进入和推迟机制、智慧多功能杆租赁收费询价机制等。在稳定运行阶段：

（1）方案设计

市住房和城乡建设局牵头，相关部门配合，整合照明、监控、通信、标识等各项功能，结合城市外观、智慧城市和城市管理等要求，对智慧多功能杆设计方案进行专项审查。

（2）建设维护

市城管委牵头，市财政局、成都天府新区、成都高新区管委会等相关部门配合，监督成都城投建设集团各项目的建设、改造、维护及资金保障落实情况；核算城市照明设施电费及维护费等费用，对成都城投建设集团进行考核，并按照协议及考核结果支付费用。

（3）市场化运营

成都城投建设集团组建专业化公司和专门运营管理团队，与智慧多功能杆搭载设施目标用户协商并确定资源有偿使用价格，签订相关合作协议，建立完善的运营体系，形成良好的项目投入产出机制。

（4）资本运作

市国资委牵头，相关部门配合，按照中央、省、市大力发展混合所有制经济的要求，推动成都城投建设集团引入多元社会资本参与可商业化项目，深入探索建立有效商业模式，实现国有资本高效运营和企业可持续发展，逐步发展成为全产业链服务的专业化智慧城市运营商，条件成熟后实现板块上市。

10.1.3 广州市：构建多功能智能杆试点统筹推广机制

2020年，广州市政府印发《广州市多功能智能杆建设管理工作方案》，提出到2025年，全市建成多功能智能杆约8万根，建成多功能智能杆统一管理平台，推动智慧照明、智慧交通、智慧警务等一批智慧城市应用上杆的工作目标。并在坚持统筹管理、共建共享、需求导向原则下：

（1）建立多功能智能杆建设联席会议制度

设立以分管工信的市领导为总召集人，协助分管工信和城建的市政府副秘书长为副召集人的多功能智能杆建设联席会议，联席会议办公室设在市工业和信息化局，主任由市工业和信息化局主要领导担任，副主任由市工业和信息化局、住房和城乡建设局、交通运输局分管领导担任。联席会议日常工作由办公室负责，统筹多功能智能杆试点及推广工作，并协调解决推进过程中出现的重大问题。

（2）组建多功能智能杆投资建设运营主体

以广州信息投资有限公司为多功能智能杆投资建设运营主体，负责多功能智能杆试点投资建设运营，并有序引导社会资本参与多功能智能杆投资建设运营。

（3）制定多功能智能杆推广试点管理办法

市工业和信息化局、住房和城乡建设局作为责任单位，制定多功能智能杆推广试点管理办法，规范多功能智能杆试点建设、运维与应用推广，明确各方职责，加强统一管理。

（4）制定多功能智能杆建设地方标准

由市住房和城乡建设局、市场监督局牵头，加快制定多功能智能杆建设地方标准。

（5）编制多功能智能杆试点建设专项规划

市工业和信息化局、广州信息投资有限公司为责任单位，编制多功能智能杆试点建设专项规划和多功能智能杆年度试点建设工作计划。

10.1.4 南京市：推进事业单位机构改革，最大化集约利用公共资源

（1）编制发布了《城市道路并杆导则》和《城市道路杆件管理办法》

2016年，南京市启动共杆建设，编制发布了《城市道路并杆导则》和《城市道路杆件管理办法》，促使路灯转型成为杆件专业大总包，并对公安交管等进行专业分包，更好地推进项目的集成和开展。南京不只是做智慧试点，也发布了多杆合一的政策，并交给市城市管理局来主管。

（2）江苏未来城市公共空间开发运营有限公司负责多功能智能杆的建设及运营管理

南京市城市管理局直属单位路灯管理处超前部署，2017年以来，以路灯管养为基础，紧抓新基建机遇，形成了四个全资直属子公司分别包含路灯管养、城市管网建设、智能杆建设运营管理以及数据开发等业务，探索市场化盈利模式，节约财政公共服务的管养支出。据悉，南京路灯管理处目标是实现全面企业化经营。江苏未来城市公共空间开发运营有限公司作为南京市路灯管理处全资子公司，负责多功能智能杆的建设及运营管理，通过路灯管理处规划上的顶层协调，保障了公共资源的集约利用。由其负责全市城市管网建设的兄弟单位协调城市管网与多功能智能杆的建设时序，实现快速且高质量地推进了多功能智能杆建设。

10.2 先行示范：深圳市构建统一运营、统一维护的统筹机制

10.2.1 大背景：5G和智慧城市建设牵引

（1）5G规模组网及智慧城市建设背景下，城市杆体资源逐渐演变为具有城市战略属性的新型基础设施

经编者团队详细调研，深圳市共有9类杆型，存量杆体超过36万根，主要市政杆体为路灯杆24万根，雪亮工程杆6万根，交通杆（含交通引导杆和道路标识杆）3万根[①]。上述杆体作为使用部门实现照明、监控、交通指示、环境监测、水务监测、气象监测等核心功能而被动建设的公益设施，已成为具有覆盖密集、供电供网、间距规律等优势的城市公共资源

---

① 数据来源：编者团队调研数据。

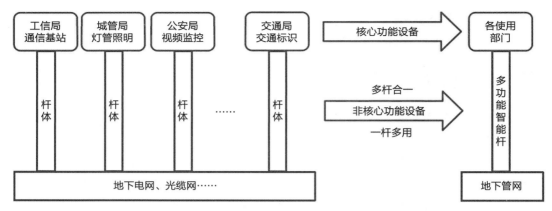

图10-1　多功能智能杆使用机制示意图
（图片来源：笔者自绘）

（图10-1）。5G网络及新型智慧城市建设，最有效的载体就是上述遍布全市的杆体资源，原有单杆单用杆体及配套电网、光缆网资源，将逐步承载并保障多种公共功能，升级为技术含量高、功能综合性强、支撑构建新型智慧城市全面感知网络体系的多功能智能杆。杆体资源逐步演变为城市发展中具有战略属性、可经营属性的新型基础设施。

（2）多功能智能杆作为新型基础设施，亟需一个城市基础设施运营商统一运营、统一维护

城市杆体资源的功能定位发生变化，导致原有的杆体资源投资建设运营模式制约了多功能智能杆的发展。同时，因通信运营商、工业互联网等企业用户的需求，使多功能智能杆具有市场化运作的基础。省市政府也都提出根据政府主导、市场化运作的原则，确定不超过2家运营主体，以有偿使用的方式，统筹规划建设多功能智能杆及配套资源和"一杆多用"改造。根据深圳市实际情况，结合通信管道、综合管廊、燃气、水务等城市基础设施运营经验，亟需一个城市基础设施运营商，对全市范围的多功能智能杆统一运营、统一维护，在保证市政基础功能有效供给的基础上，以5G网络和智慧城市建设为契机，激活这些长期沉淀的杆体资源，既解决基站站址资源紧缺问题，又缓解多杆林立、道路重复开挖等社会问题，形成推动深圳新型基础设施建设的合力。

10.2.2 顶层设计：多个全国第一

在多功能智能杆顶层制度设计方面，深圳市创造了多个全国第一，成立了第一个多功能智能杆运营主体，出台了第一个多功能智能杆基础设施管理办法，制定了第一个服务费参考标准。

（1）《深圳市关于率先实现5G基础设施全覆盖及促进5G产业高质量发展的若干措施》

2019年9月1日，深圳市政府印发《深圳市关于率先实现5G基础设施全覆盖及促进5G产

业高质量发展的若干措施》(深府〔2019〕52号)。明确提出统筹多功能智能杆规划建设,市基础设施投资平台公司(深圳市特区建设发展集团有限公司)作为运营主体负责全市多功能智能杆及配套资源的统一运营、统一维护;全市新建、改扩建道路要统一规划和建设多功能智能杆,由道路建设单位负责投资建设,建成后交由市基础设施投资平台公司统一运营管理;现有道路各类存量杆塔由市基础设施投资平台公司联合铁塔公司分批投资改造为多功能智能杆。

(2)《深圳市多功能智能杆基础设施管理办法》

2021年2月10日,深圳市政府印发全国首个多功能智能杆管理办法《深圳市多功能智能杆基础设施管理办法》,确立了"政府主导、统一规划,统一运营、统一维护,保障安全、开放共享"的基本原则,搭建了明晰的全流程管理链条,填补了政策空白,在全国多功能智能杆产业发展史上具有里程碑式的意义。

在此基础上,深圳市拟进一步制定《多功能智能杆基础设施建设和管理细则》,内容包含政府投资项目的年度建设计划、项目建议书或可行性研究、初步设计、施工设计、初步验收、试运行、竣工移交等操作规程;包含运营主体建设项目年度建设计划、绿化许可、占道挖掘许可、社会投资备案、施工许可、用电报装许可、工程资料城建档案备案、建成杆址纳规、项目方案主管部门备案、项目竣工资料主管部门备案等的操作规程。《多功能智能杆基础设施建设和管理细则》有助于深化多功能智能杆的建设管理,进一步强化《深圳市多功能智能杆基础设施管理办法》的落地执行。

—————— 专栏 ——————————————————

《深圳市多功能智能杆基础设施管理办法》政策解读

1. 制定《深圳市多功能智能杆基础设施管理办法》的必要性

为认真落实好党中央、国务院关于"新基建"和智慧城市建设的工作要求,深入贯彻习近平总书记在深圳经济特区建立40周年庆祝大会上的重要讲话精神,按市委市政府的部署加快推进多功能智能杆基础设施建设和管理。

目前,国家、省均未有多功能智能杆基础设施的投资、规划、建设、运营、维护等具体管理政策,运营主体、设备挂载或使用单位、其他第三方等各自的责权利尚无明确界定,不利于多功能智能杆基础设施建设任务的实现和有效安全使用。为此,极有必要制定《深圳市多功能智能杆基础设施管理办法》,推动多功能智能杆基础设施的建设,规范管理,在中国特色社会主义先行示范区建设过程中先行先试。

2.《深圳市多功能智能杆基础设施管理办法》的适用范围

多功能智能杆作为新型基础设施，是智慧城市感知网络的重要载体。从实际情况看，深圳市用于公共管理和服务的多功能智能杆基础设施，是当前需要管理规范的主要对象，为此，《深圳市多功能智能杆基础设施管理办法》适用于提供公共管理与服务的多功能智能杆基础设施及挂载设备。

3. 多功能智能杆基础设施的建设方式

第一，在新建、改扩建道路工程项目中，由市、区按现行政府投资事权划分原则分别组织统一规划和投资，同步建设多功能智能杆基础设施。相关政府投资项目应按照多功能智能杆基础设施专项规划、详细规划和年度建设计划的要求，结合智慧城市感知网络体系的需求，统筹投资、同步建设多功能智能杆专用管线、接线井、配电箱、光交箱等基础设施及预留多功能智能杆建设空间或建成多功能智能杆。

第二，其他提供公共管理与服务的多功能智能杆基础设施，由运营主体组织投资建设。

4. 多功能智能杆基础设施的管理职责分工

第一，综合协调方面。在市新型智慧城市建设领导小组的领导下，建立多功能智能杆建设和管理联席会议制度，统筹全市多功能智能杆基础设施的建设和管理工作。

第二，部门分工方面。明确市工业和信息化部门作为多功能智能杆基础设施的市主管部门，主要承担政策制定（订）、推进多功能智能杆基础设施的规划建设、日常监督管理三个方面的职责。区层面则由区政府指定的部门行使多功能智能杆基础设施管理职责。其他相关职能部门配合做好多功能智能杆基础设施的规划、投资、建设，共同推动多功能智能杆的综合利用。

5. 多功能智能杆基础设施的建设计划与杆址效力

第一，计划编制与调整。根据多功能智能杆基础设施相关规划、各单位上报的多功能智能杆基础设施建设建议，市主管部门负责统筹市区两级、相关行业所涉道路改扩建、存量杆塔改造等需求，组织编制多功能智能杆基础设施年度建设计划。因政府投资计划变更或新增多功能智能杆基础设施建设任务，经市主管部门同意后可对年度建设计划进行调整。

第二，杆址法定化。已建成的多功能智能杆杆址，将依规定程序申报纳入多功能智能杆基础设施专项规划、全市"多规合一"信息平台。在已建多功能智能杆或多功能智能杆基础设施专项规划、年度建设计划规定的杆址控制范围内新设杆塔的，应当符合多功能智能杆基础设施专项规划、年度建设计划的规定。在已建多功能智能杆杆址控制范围内，新增设备应当在多功能智能杆挂载，存量杆塔挂载设备应当逐步迁移至多功能智能杆挂载。

6．多功能智能杆基础设施的建设流程

第一，随政府投资项目同步建设的，由主体工程建设单位办理报建手续。政府投资项目同步建设多功能智能杆基础设施的，在多功能智能杆基础设施设计阶段和竣工验收阶段，主体工程建设单位需邀请主管部门、运营主体及相关设备挂载或使用单位参与。

第二，对运营主体组织建设的多功能智能杆基础设施，根据《广东省自然资源厅关于继续深化若干规划用地改革事项的通知》(粤自然资函〔2020〕552号)，由运营主体按照多功能智能杆基础设施年度建设计划编制建设方案报市主管部门备案后，按照小散工程或零星作业办理安全生产备案以及社会投资项目备案。涉及道路占用挖掘、迁移或砍伐城市树木、占用城市绿地的，应当取得相应许可文件。

7．多功能智能杆基础设施的统一运营维护机制

为节省财政支出，全市提供公共管理和服务的多功能智能杆基础设施由运营主体统一运营、统一维护；在多功能智能杆挂载的设备，由运营主体统一维护。

内容来源：深圳市人民政府门户网站。

（3）《深圳市多功能智能杆基础设施相关服务费参考标准》

2021年12月31日，深圳市工业和信息化局印发了全国首个多功能智能杆服务费参考标准《深圳市多功能智能杆基础设施相关服务费参考标准》，根据"统一运营、统一维护"的大原则，进一步完善多功能智能杆的后续运营收费机制，为深圳市多功能智能杆及基础设施的市场化运维工作确定有偿使用机制及具体收费参考标准，为后续政府移交杆体及政府挂载设备的结算提供制度依据。

（4）《深圳市推进新型信息基础设施建设行动计划（2022—2025年）》

在国家发展改革委批复同意深圳市组织开展基础设施高质量发展试点的历史契机下，

2022年2月21日，深圳市政府专门审议并印发了《深圳市推进新型信息基础设施建设行动计划（2022—2025年）》，明确物联感知体系的两个发展指标，即到2025年智慧城市物联网感知终端大于1000万，多功能智能杆数4.5万根，并将"推进多功能智能杆建设"纳入28条具体举措之一（其中第23条），把"城市级多功能智能杆建设工程"列为10大重点工程之一（第9项重点工程），具体如表10-1所示。作为深圳市构建泛在先进、高速智能、天地一体、绿色低碳、安全高效的新型信息基础设施供给体系的重要部分，多功能智能杆迈入新的发展阶段。

10.2.3 专项规划：确认空间身份

空间身份的确认，是以多功能智能杆杆址为基准点，配置相关的配套设施，给予预挂载到杆体上的功能设备一个合法挂载空间，多功能智能杆作为新型信息基础设施，《深圳市信息通信基础设施专项规划》中的多功能智能杆规划，解决了市政道路及部分片区建设多功能智能杆的合法性问题，通过规划约4.2万根多功能智能杆杆址，充分解决了多功能智能杆在整个城市的覆盖问题，通过道路空间身份的确认和城市杆体不断建设的进程的推进，可逐步改善现有市政道路多杆林立、重复建设的现状。

10.2.4 标准规范：标准体系和首个国家级标准

（1）标准的重要性

以多功能智能杆为载体搭建的感知网络如血管和神经一样深入城市的公路、街道和园区，布局均匀，密度适宜，可以提供分布广、位置优、低成本的站址资源和终端载体，是5G搭载和物联网大规模深度部署的首选方案。事实上，"多功能智能杆"的理念与模式并不复杂，也并不新鲜，相关的技术与产品都已经成熟。它的难点在于，如何将产业链各方组织为一个完整的生态，大规模地推进高效整合和系统集成。

如何将多功能智能杆的各挂载部件组织为一个完整的生态，由于杆体空间小，包含强电、弱电、高频、低频、防雷、防水、防风、防腐蚀、EMC、接地、散热等多种要求，需要解决不同仪器设备的互联和互操作性问题；还要实现多厂商、多种类测试仪器、多种通信协议的互联互通。基础设施怎样布点？如何规划？标准如何设定？由谁投资？如何招标？如何建设？如何运营？如何服务？如何划分收益？未来如何升级？这其中每一个问题，都需要统筹考虑。而各种问题集中到一起，成为一个艰巨的系统工程后，就必须要有强有力的主导和统筹。

"行业发展，标准先行"，在多功能智能杆这样方兴未艾的新兴行业中，掌握了行业标准，就如同在行业汪洋之中掌握了制高点，掌握了话语权。标准先行，不仅对多功能智能杆产业链中的具体行业规划发展有先驱指导作用，还意味着占据行业领跑和资源整合的地位，拥有对行业内其他企业的巨大渗透力。因此，参与并引导多功能智能杆行业标准制定是促进行业高质量发展的必经之路。

深圳市信息基础设施发展指标（到2025年）   表10-1

序号	指标名称	2025年	属性
"双千兆"网络能力			
1	家庭千兆光纤网络覆盖率	≥200%	约束性
2	城市10G-PON端口占比	≥90%	预期性
3	每万人拥有OTN光节点数	2个	预期性
4	每万人拥有5G基站数	≥30个	约束性
5	重点场所5G网络通达率	99%	约束性
6	重点场所高品质WLAN覆盖率	99%	预期性
"双千兆"应用普及			
7	500Mbps及以上宽带用户占比	80%	约束性
8	千兆宽带用户数	300万	约束性
9	宽带用户平均接入宽带	>500Mbps	约束性
10	5G用户占比	80%	约束性
11	"双千兆"应用创新	100个	预期性
12	月户均移动互联网接入流量	60GB	预期性
信息网络承载能级			
13	国际跨境光缆容量	200Tbps	预期性
14	城域网出口带宽	50Tbps	预期性
15	新型互联网交换中心接入总带宽	18Tbps	预期性
16	每百万人CDN节点	6个	预期性
物联感知体系			
17	智慧城市物联网感知终端	>1000万	预期性
18	多功能智能杆数	4.5万	预期性
数据和算力设施能力			
19	数据中心支撑能力机架数	30万	预期性
20	基础算力规模	10.6EFLOPS	预期性

表格来源：深圳市人民政府门户网站。

然而，建立多功能智能杆相关标准面临以下问题：

1）标准制定者众多，无统一归口

多功能智能杆相关国家、行业标准的制定涉及全国安全防范报警系统标准化技术委员会、中国电力企业联合会、全国城市公共设施服务标准化技术委员会、住房和城乡建设部等多个部门，各部门制定标准的范围与角度不同，无法形成系统全面的多功能智能杆标准体系，更无法支撑城市级感知网络体系的搭建，亟需统一的部门进行统筹与协调。

2）国家标准出台较晚，地方标准不一

多功能智能杆相关国家、行业标准的制定相对较晚。直至2021年底，多功能智能杆相关的第一个国家标准出台，而在此之前，广东、湖南、江苏、浙江、江西、安徽、深圳等省市的住房和城乡建设厅相关部门为积极推动多功能智能杆的实施，已经制定了各自的地方标准，导致各地方标准不一，给多功能智能杆相关企业在产品的研发设计、生产制造及推广应用都带来极大的困扰。因此，制定标准体系，出台具有权威性的国家、行业标准以指导各地方多功能智能杆的建设，促进多功能智能杆产业健康有序地发展，成为实现跨省市、跨系统和跨平台数据互联互通的重要基础。

3）标准化体系庞大，制定难度大

多功能智能杆作为新型智慧城市感知网络体系的信息基础设施，其标准的制定涉及交通部门、城市管理部门、城市规划部门、公安部门、气象监测部门及通信运营商等业务单位的需求。因此，标准的制定需要从顶层规划并充分结合具体场景业务应用，标准化体系庞大，对编制者要求较高。

（2）建立多功能智能杆行业的标准体系

在上述背景下，深圳市多功能智能杆运营主体联合深圳市标准化协会和行业龙头，制定了多功能智能杆标准体系，该标准体系是多功能智能杆现有、应有和预计制定标准的蓝图，是编制多功能智能杆标准制修订规划和计划的基本依据，是促进多功能智能杆系列标准组成达到科学合理化的重要基础，是开展智慧城市感知网络领域科学技术研究的重要参考资料。

多功能智能杆标准体系划分了法律法规及政策、基础标准、工程标准、技术标准、管理与运维标准、检验与验收标准和安全标准七个子体系。将术语与符号、分类与编码、标志标识、规划设计纳入基础标准子体系。将地笼基础、缆线管廊、供电配电、防雷接地、抗风、防腐蚀、散热、防护IP、施工、安装纳入工程标准子体系。将杆体、挂载设备、智能网关纳入技术标准子体系。将管理平台、设备运维、平台运维、安全运维纳入管理与运维标准子体系。将检验、验收纳入检验与验收标准子体系。将信息安全、网络安全、密码安全纳入安全标准子体系，如图10-2所示。

自2019年以来，全国范围内掀起了多功能智能杆建设热潮，并促进了多个地方性标准的立项与制定，首个省级和首个地方标准先后诞生，分别是广东省《多功能智能杆技术规范》、深圳市批准发布的《多功能智能杆系统设计与工程建设规范》。秉承"行业发展、标准先行"的原则，由深圳市工业和信息化局主导，以标准体系为引领，多功能智能杆产业各相关单位参与编制并正式发布的智慧城市多功能智能杆相关国家、地方及团体标准共7项，详见表10-2。此外，《多功能智能杆管理与运维技术规范》及《多功能智能杆管理系统编码技术规范》等地方标准正在研制过程中，将对杆体、设备、平台和数据管理以及杆址、挂载设备及资产的管理编码规则作出详细的规范要求。

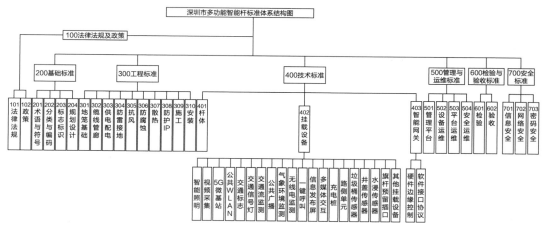

图10-2 多功能智能杆标准体系
（图片来源：笔者自绘）

深圳多功能智能杆相关标准规范清单   表10-2

序号	标准名称	标准号	类别
1	智慧城市　智慧多功能杆　服务功能与运行管理规范	GB/T 40994—2021	国家标准
2	多功能智能杆系统设计与工程建设规范	DB4403/T 30—2019	地方标准
3	智慧杆系统建设与运维技术规范	T/SPIA 001—2019	团体标准
4	智慧杆施工规范	T/SPIA 001—2020	团体标准
5	智慧杆防雷与接地技术规范	T/SPIA 002—2020	团体标准
6	智慧杆检测验收规范	T/SPIA 003—2020	团体标准
7	多功能智慧杆用智能网关技术规范	T/SPIA 004—2020	团体标准

　　其中，我国多功能智能杆产业的首个国家标准《智慧城市　智慧多功能杆　服务功能与运行管理规范》GB/T 40994—2021于2022年3月正式实施，规定了智慧多功能杆的总体要求、服务功能要求、服务提供要求和运行管理要求，包括杆体分类、一般要求、设计要求、布局要求、功能要求、安全要求以及运营服务要求等内容，适用于城市道路、广场、景区、园区和社区等场景下的智慧多功能杆的服务功能设计和运行管理，高速公路等场景参照执行，填补了多功能智能杆在服务功能和运行管理方面的空白。

　　标准体系的建立以及各标准规范的研制出台为多功能智能杆功能设计与运行管理等提供了标准依据，对多功能智能杆快速规模化具有重大意义，并将推动深圳市多功能智能杆运维规范化、管理智能化和平台高效化，为多功能智能杆管理平台成为城市物联感知平台奠定基础，助力多功能智能杆产业高质量发展，更好实现城市公共设施集约化、共享化、智慧化，也为构建物联感知网络、打造新型智慧城市的数字底座提供重要支持。同时，作为我国智慧城市标准体系的重要组成部分，多功能智能杆行业相关标准的编制将对完善我国智慧城市标准体系，助力智慧城市建设具有重要现实意义。

目前我国以多功能智能杆为载体的感知网络体系发展格局是部分城市领先，整体有序推进。但各个城市顶层设计不同，发展模式也不一样。有由政府包干，市、区两级多部门联合推进，也有通过事业单位（灯光中心）机构改革，由市城投公司推行"城市照明服务＋市场化经营"多元化运营，还有由市属国企作为主体，构建多功能智能杆试点统筹推广机制，以及通过事业单位（灯光中心）机构改革，由改制后的企业负责最大化集约利用公共资源。深圳市则由政府主导、统一规划，统一运营、统一维护，保障安全、开放共享。上述城市无不是由自上而下的顶层设计来推动部署感知网络体系，但在实践中，我们发现感知网络体系建设不可能是无源之水、无本之木，也需要自下而上的实际需求来提供源源不断的活力。以多功能智能杆为载体构建的城市感知网络体系，产业生态圈庞大，涉及物联网、大数据、人工智能、智能网联等诸多创新技术领域，显示了新型智慧城市建设对产业的聚合拉动效应。通过建立完整供应链条、挖掘生态圈内各产业的需求，将多功能智能杆产业链分为上、中、下三个部分，一根智能杆串联的上中下游产业涵盖了杆体制造、通信传输、无人机、视频监控、信息安全、智慧照明、充电桩、智慧门锁、手机充电、识别技术、电源电器、安全传感、智能网关等数十个门类，合作的品牌企业有近百家之多。政府部门的有效引导支持、科技龙头企业以及运营商的助力推动，为多功能智能杆产业生态树的快速生长提供了充足的养分。但由于多功能智能杆产业兴起不过短短几年，这棵生态树离成长为参天大树还有很长的一段路要走，必须要加快出台多功能智能杆产业扶持政策，大力推动多功能智能杆创新场景应用示范，拓展移动网络、物联网、充电桩等部署，只有在生长前期给予这棵生态树足够的"肥料"，才能助力构建起成熟稳固的产业生态。

- 上游：主要为接入感知层、传输层的物联通信基础设施，包括网络规划建设、杆体、通信传输设备、感知设备、安全设备及其他智能配套设备制造等，这是多功能智能杆搭建的物质基础，也是最先投资建设的部分。如果把板块细分，上游还可以细分成多个板块，比如感知设备可细分为传感器、视频器件、雷达、基站等。
- 中游：主要为平台层的一体化集成服务，包括系统解决方案、智慧系统集成、智能化产品集成，还包括规划设计、建设施工等。
- 下游：主要为应用层的终端应用场景和运营，使用户获得多功能智能杆的使用享受，重点服务对象为政府部门和通信运营商。面向政府的应用场景包括智慧交通、环境治理、社区治理、城市安防等，面向企业的应用场景包括媒体广告运营、通信传输、充电桩运营等。

标准制定和标准执行是行业标准化的两个重要环节，这两个环节能否顺利衔接决定了标准规范能否有效提升行业整体水平。目前，深圳市多功能智能杆行业标准体系初具雏形，国家标准和地方标准相继出台，但如何将标准规范真正融入落实到设备制造、平台建设和运营维护的流程中，仍需行业凝聚共识一同去实践检验与探索。

11 商业模式：可经营性新型基础设施的运营之道

2020年4月，国家发展和改革委员会明确了新型基础设施（以下简称"新基建"）中信息基础设施包括了以5G、物联网、工业互联网、卫星互联网为代表的通信网络基础设施，以数据中心、智能计算中心为代表的算力基础设施和以人工智能、云计算、区块链等为代表的新技术基础设施。之后，双千兆、IPv6、5G、新型数据中心、物联网等各领域政策相应出台，各地纷纷响应，信息基础设施进入新一轮的建设热潮。

包括信息基础设施在内的新型基础设施可有效服务于智慧城市发展，是发生在基础设施领域的数字革命。与传统基础设施相比，新基建具有软硬兼备、数据驱动、协同融合的特征，特别是在运用网络化、数字化、智能化技术，赋能工业、农业、交通、能源、医疗、教育等垂直行业，催生新产品和服务，满足人民对美好生活的需求。以多功能智能杆为例，把传感器、无线发射器、电动汽车充电桩、5G基站以及其他智能终端设备安装挂载在多功能智能杆上，实现多种技术交叉融合、多源数据汇聚共享。基于多功能智能杆点位资源优势和搭载各类感知设施的便捷性，构建智慧城市感知网络体系。依托高效敏捷的感知、无所不在的联结、瞬时即达的传输以及智能高效的决策能力，为城市治理和运营商提供了全新的服务，催生出新的商业模式。

以铁路、公路、基础设施（"铁公基"）为代表的传统基础设施具有公共物品和准公共物品属性，收益水平低，回报周期长，主要由各级政府主导推动。新基建的投资、建设、运营尚未形成清晰的模式，各级政府、建设和运营机构以及金融企业之间也未形成有效的协作机制，商业模式还在演进和探索中。如果说过去兴建传统基础设施我们还可以借鉴发达国家的成熟模式和经验，那么在推动新基建方面，我国与发达国家已经站在同一起跑线，未来各国数字经济竞争的胜负取决于此，因此，我们有必要率先找到可持续的发展路径。

11.1 全国各地摸着石头过河

国内多功能智能杆主要试点城市（上海、深圳、南京、成都、广州等）的发展模式，总结起来可分为两类。一是政府包干型，从投资、建设到运营全部由政府一手包办。这一模式的优势是统筹了长期与短期的关系，不再局限于追求短期资金平衡，而是放眼长远的发展需求，依托政府强力推动，由政府财政承担全部投入，按照标准化要求，快速完成规模化布局，为未来各种数字化的应用预留可扩展的挂载空间和数据接口，但该模式对城市财政实力要求较高。二是政府主导、企业主体、商业化逻辑运作型，政府出台规划、标准、计划等政策指引，实施统筹管理。事业单位（如灯管管理中心）改制的市场化企业，或地方国企（如城投公司）作为主要抓手，一方面承担城市基础设施照明服务，由财政兜底运维；另一方面开展监控监测租赁服务、充电桩运营、LED广告位租赁、搭载通信微基站租赁服务、各类数据服务等市场化活动，实现经营收益自主平衡，这一模式的优势是通过开放部分业务市场化经营来弥补财政投入不足的问题，但对政府统筹管理能力和运营主体的商业运作能力要求较高。

11.2 深圳探索投资、建设、运营一体化发展

投、建、营一体化是深圳正在探索的"新基建"模式，即由政府主导、一个运营主体实施，在项目全生命周期的时间内承担投资、融资、设计、采购、建设和运营的模式。该模式的重点在于集成服务，不再以单纯的工程建设和运维为核心，实现了以投资拉动项目建设、以运营获得长期回报促进实施主体的可持续发展。

深圳市道路新、改扩建工程由政府统一建设多功能智能杆，建成后交由运营主体统一运营和维护，并由政府支付运维费用。运营主体自主建设部分杆体，依据"收入覆盖成本"的原则开展投资和建设。上述两部分杆体构成商业模式基本盘。随着杆体规模的增加，不仅有更多杆址出租，还为提供数据服务获取收益奠定基础。

11.2.1 政府投资为主，企业投资为辅

根据《深圳市关于率先实现5G基础设施全覆盖及促进5G产业高质量发展的若干措施》（深府〔2019〕52号）和《深圳市多功能智能杆基础设施管理办法》职能划分，政府负责新建、改扩建道路配建多功能智能杆；运营主体负责按市场需求投资改造多功能智能杆。

（1）政府投资：在新建、改扩建道路项目配建

为解决好原来全市各类路灯杆、交通杆、监控杆、通信杆等由城管、交通、公安、通信运营商等部门各自主导建设，以及管理分散、建设标准不一、信息数据不共享、重复投资、道路反复开挖等问题，主管部门大力推动市政道路各类杆体合杆统筹建设。目前，全市各区已在新建、改扩建道路项目和相关政府项目同步统筹建设多功能智能杆。通过"以点带线，由线带面"布点建设，从光明光侨路首个存量改造试点到沿江高速整条道路改造，再到福田中心区成片提升，多功能智能杆建设已在全市有序铺开。

1）市级统筹立项与投资

市发改委、交通等部门在新建、改扩建道路工程项目中统一规划、同步建设多功能智能杆。

2）各区有序推进，各具特色

在市级政策文件的指导下，各区政府加强组织领导，按照各区实际统筹推进辖区内多功能智能杆建设。福田区在福田中心区和红荔路、彩田路、金田路等主次干道实现多功能智能杆全覆盖，建成密度全市最高。罗湖区实现道路主体工程与多功能智能杆工程分开建设、同步实施，并联合公安分局、交通局推动多杆合一。盐田区在海滨栈道重建工程、深盐路景观提升工程、梅沙湾公园等落实多功能智能杆建设。南山区围绕南山区重点战略示范工程"一城、一廊、一大道"进行规划建设，采取与道路工程配套建设和主动优化改造两条路径，整合企业及社会资源共建多功能智能杆，并纳入区级物联感知平台、CIM平台建设，满足智慧南山感知系统的发展需要。宝安区构建统一流程、统一标准、同步建设、统一验收、统一平台、统一改造的建设体系，提出"百条路、万根杆、亿投资"的工程建设目标，在沿江高速建成为全国首个"5G智慧高速"，在沙井打造5G智慧党建公园。龙岗区将多功能智能杆建设纳入智慧龙岗建设规划，探索利用龙岗区在信息管道资源方面的优势，加快推进辖区多功能智能杆的建设。龙华区结合"未来城市"规划推动多功能智能杆等基础设施建设，在道路、公园、广场、碧道等落实建设。坪山区以多功能智能杆为车路协同提供载体，打造全域智能网联车项目建设，并积极探索整合路灯、监控杆等设施一体化运维。光明区结合老旧工业园区升级改造开展多功能智能杆建设，在光侨路建成首个"存量改造"示范项目。大鹏新区在深圳国际生物谷坝光核心启动区打造示范点，为探索5G场景应用提供平台。深汕特别合作区以多功能智能杆为核心载体，正加快打造合作区道路智慧交通体系。前海合作区因地制宜在辖区主要道路、保税港区、公园绿地等布设多功能智能杆，将多功能智能杆与智慧交通、智慧城管相结合构建统一管理平台并纳入前海城市大脑统一管理，实现"一网全面感知、一网统一管理"。

（2）运营主体投资：按需改造建设

市基础设施投资平台公司（深圳市特区建设发展集团有限公司）作为运营主体，委托其全资子公司——深圳市信息基础设施投资发展有限公司，打造了沿江高速、外环高速、市花路、金花路、光明汽车城等一批示范项目，进行存量杆的合杆整治、智慧化升级改造以及产品研发、平台建设、应用场景打造等。

11.2.2 统一运维，政府付费

政府移交给运营主体的杆体及政府挂载设备，由运营主体统一提供维护服务。

（1）运维内容

运维内容包括多功能智能杆和挂载设备的日常巡查，杆体和挂载设备、配套的管道、光缆、电力设施的维修维护，应急突发事件抢修等，并接入全市多功能智能杆综合管理平台统一管理，实时监控杆体和挂载设备状态，提升运维的智慧化水平。

（2）收费机制

1）服务费内容

多功能智能杆运维服务费包括维保费、租赁费和代收费。维保费包含多功能智能杆维保费和挂载设备维保费；租赁费指租用运营主体投资建设的多功能智能杆基础设施以挂载设备所产生的相关费用；代收费包含接入费、电费、网费，依据实际发生额收取。

2）收费原则

根据项目类别，不同项目适用不同的收费原则。一是政府投资、政府使用类项目，收取维保费和代收费，其中维保费根据服务费标准中杆体和挂载设备的价格收取。二是市场投资、政府使用类项目，收取维保费、租赁费和代收费，具体由购买服务双方签订的服务协议约定或市场化协商确定。三是政府投资、市场使用类和市场投资、市场使用类项目按市场化原则协商确定。

3）收费路径

政府使用的项目由市、区主管部门根据现有市、区事权划分原则，统筹本市范围内提供公共管理与服务的多功能智能杆基础设施相关服务费，申请纳入部门预算后购买服务、予以支付。

11.2.3 统一运营，使用者付费

（1）提供动力环境服务

原有市政杆体资源作为财政全额拨款维护的公益性基础设施，主要满足城市运转所需的照明、监控、交通诱导、交通警示、监测检测等市政基础功能。运营主体充分发挥市属国企连接政府和企业的桥梁作用，在满足市政基础功能的有效供给基础上，开展商业化运作，运营主体在5G网络、城市无线局域网、内容分发网络节点（CDN）、公共安全感知终端、车联网、边缘计算设施部署、未来网络试点等方面对于杆体及配套的使用需求，逐步得到满足。目前已为运营商挂载5G基站、人民日报挂载LED显示屏、南方电网挂载电缆沟监测设备提供用网、用电等动力环境服务。

（2）提供集成数据服务

打造噪声监测集成服务，运营主体已配合市生态环境局在深港合作区、华强北等地打造噪声监测试点，对采集的生态、环境、噪声数据进行处理和分析，并匹配50个点位需求，未来将规划500个监测点位，助力打造全市噪声监控"一张网"。

打造车联网集成服务，依托福田中心区的多功能智能杆部署66套路侧设备（RSU），并整合交警红绿灯、交通指示牌、城管视频监控等，通过边缘网关集成数据分发指令，建成"绿波交通"，实现"人多放人、车多放车"；坪山区拟在110个重点路口建设多功能智能杆，实现智能化、网联化改造，通过多功能智能杆与RSU、摄像头、毫米波雷达、边缘计算网关等设备有效集成，打造坪山车联网环境。

打造城市治理集成服务。依托多功能智能杆整合物业治安视频监控、商圈信息推送

屏、社区公共广播、生态噪声监测、充电桩等设备，根据使用单位需求叠加边缘算法，运营主体在龙岗坂田、宝安沙井等部分社区建成"5G网格员"，通过多功能智能杆结合"音视频联动"技术、AI视频监控等，协助社区精准解决社区广场舞噪声扰民的痛点问题，可减少约80%的社区投诉事件，降低70%以上的人力成本。

打造路缘空间集成服务。路缘空间的概念最早起源于国外，为应对迅速增长的街边停靠需求，提高空间利用效率和优化停车资源配置，国外城市将路内停车区（Parking Zone）的概念扩展至路缘空间（Curb Zone）。狭义的路缘空间是指城市道路上机动车、非机动车通行区域与设施带之间，且路缘石旁有路内停车的区域；广义的路缘空间则泛指路缘石两侧的空间[1]。结合狭义、广义两种定义，路缘空间宜界定为街道路缘石及其两侧相关联的空间[2]。目前国外已出现了"新型基础设施+街道空间场景"的路缘空间利用商业化实践——智能动态路缘（Intelligent Dynamic Curb），即以用户需求驱动的空间弹性叠加可预测的空间高效利用，从弹性分配中创造社会价值动态定价更合理的商业模式，典型的案例有M国C公司路侧数字化停车项目、Y国G公司路边预订和空间管理项目。

借鉴国外路缘空间管理和商业化应用的实践经验，运营主体打造了河套深港科技创新合作区路缘空间应用场景试点（图11-1），迈出了多功能智能杆基础设施可持续经营的重要一步。该项目按照市场化收费来自使用者支付的原则提供服务。一是为G端用户提供管理辅助服务，通过数字化手段，对市政基础设施（消防栓、垃圾桶、井盖等）、机动车和非机动（拥堵、违规、停放等）、行人（聚集、防疫口罩）实现智能化管理；二是为B端用户提供商业增值服务，例如为运营商部署5G基站提供挂载空间，为车联网企业智能网联汽车、自动驾驶业务提供路侧数据，为广告运营商提供LED屏幕租赁等；三是为C端提供便捷生活

图11-1　市花路路缘空间应用场景一览

（图片来源：笔者自绘）

---

① Corporate Partner Board. The Shared-Use City: Managing the Curb, OECD [R]. Paris: International Transport Forum, 2018.

② 孙正安，陈一铭，王超. 街道路缘空间优化设计研究[J]. 交通与运输，2021，34（S1）：192-196.

服务，例如新能源车辆充电、预约共享停车等。该项目的创新在于完全市场化运作，通过优化路边空间资源配置，整合多元化使用者需求，打造多样化应用场景，提供有偿使用服务，实现多功能智能杆基础设施运营的商业闭环。

—— 专栏 ——

国外路缘空间应用案例[①]

M国C公司总部位于M国N市，是Alphabet的Sidewalk Labs于2018年剥离出的一家新公司，主要为客户提供综合路边管理平台，为城市提供必要的工具来数字化地统计、定价、分配和管理路边，该平台已经支持M国15个城市、超过490万个路边空间。C公司大力推动城市开展路侧数字化建设，承诺帮助城市快速确定智慧装卸货区域，并开展停车收费。该公司声称"并不会向城市直接收取费用，而是从停车缴费中抽成"。阿斯彭市有11个常用路侧装卸货地段被设定为"智慧区"，开展数字化管理和运营，按照1小时2美元收费。货运司机注册后，可借助APP寻找附近可供使用的装卸货区，并占位、预定和付费。组织者认为，该举措有效缓解了拥堵、混乱和危险。此外，为说服政府，C公司还为推行路侧停车（curb parking）收费列出了以下理由，"城市面临着税收和其他收入锐减的现实。在城市中设立必要的停车装卸货空间并据此收取合理的费用，可为城市创收，并取之于民用之于民。芝加哥、纽约、旧金山和西雅图皆已对路侧装卸区域收费"。

Y国G公司是Y国的一家科技初创公司，以"改善城市居民的生活，提供更智能、更具成本效益的服务，为城市带来积极的社会、经济和环境成果以及可持续收入"为使命，致力于打造智能化解决方案生态系统，将社区和市民，与交通、停车场、货物、服务联系起来。G公司开发了Kerb平台，这是一种面向货车装载的路边预订和空间管理软件。该平台允许货车提前预定路边的虚拟装载区，以确定停车需求、减少兜圈，从而优化空间利用、提升通行效率、促进路边空间管理。用户既可以为使用单次付费，也可以根据需要提前充值。Kerb平台将根据停车位置和车辆评级来确定预订费用。

---

① M国、Y国相关资料和数据来源于公开网络。

　　多功能智能杆的投资、建设、运营一体化，已经初步形成了运维费用的基础，不足部分由杆体挂载设备租赁费用和集成服务费用补充。上述两部分费用，运维费用由政府方支付，杆体挂载租赁费用和集成服务费用由使用者支付。该模式对多功能智能杆基础设施实现高质量发展具有重要意义：一是加快规模化建设，快速建成标准统一、接口统一的感知网络体系。二是保障可持续运营，形成投资回报良性循环。三是支持数字化转型，从城市管理者视角，统筹多元化使用者需求，集成多样化服务，通过场景建设落地项目，促进数字经济发展。

　　但同时，我们也看到多功能智能杆商业模式探索过程中仍面临诸多挑战，一是认识不充分，建设积极性不高。例如有些部门认为多功能智能杆建设单价较高，未意识到多功能智能杆建设费用包含了预留的通信管道及根据各部门使用需求布设的公安视频监控、AI算法、气象监测、交通监测、交通信号灯等设备费用，并以此为由拒绝建设多功能智能杆。二是资金来源较为单一，融资渠道缺乏。很多地方过分依赖政府直接投资，财政压力大，难以支撑规模化建设。三是回报机制不清晰，应用推广难。多功能智能杆兼具公共属性和经营属性，但有些地方多功能智能杆提供市政服务应收取的相关购买服务费用未纳入主管部门预算，运营主体无法实现收入，维护工作难以维持；另外，多功能智能杆应用场景目前仅局限于安防、治理和基础设施管理等业务种类，对于城市规划、生态环保、低碳减碳、能源控制、生活服务和杆体运营等业务场景少有涉及；场景类型主要集中在公共服务和公共管理范畴，多为政府推动的试点项目，未能实现可持续的市场化收入。

　　为推动城市基础设施高质量发展，建议加大对多功能智能杆及感知网络的应用推广力度，加快投资、建设、运营模式创新，不断完善市场化运营机制。

12 规划建设：新型信息基础设施的实施方法创新

新型基础设施是城市高质量发展的重要决定性因素。2022年，深圳市政府发布《深圳市推进新型信息基础设施建设行动计划（2022—2025年）》，提出到2025年底，深圳将基本建成泛在先进、高速智能、天地一体、绿色低碳、安全高效的新型信息基础设施供给体系，打造新型信息基础设施标杆城市和全球数字先锋城市。

那么新型信息基础设施到底将如何实施呢，是否仍采取桥梁、道路等"铁公基"的传统基建模式？传统公共基础设施使用寿命以百年计，一旦建成，哪怕一两年没用，十年、二十年后总是有用的。但是，以感知网络、数据中心等为代表的数字经济基础设施，技术更新频率非常快，使用周期特别短，一段时间不用，很可能成为一堆废铁，届时现有的投入在未来反而会成为一种巨大的负担。

因此本章从提高投资精准性和有效性出发，详细提出了以产业与管理需求为目标的非传统规划思路，在具体操作时从社会效益和市场需求两种不同思路出发开展设计和施工，最终交付给客户的不仅是一个钢筋+水泥的物理空间和设施，更是集连接、感知、计算为一体的对客户需求精准反馈的数字空间和设施，采用统一协议规范实现数字化设施的即插即用，最终形成智慧城市数字底座。

12.1 以需求、动态、系统为特征的非传统规划

12.1.1 非传统规划的七种武器

（1）产业与管理需求共同促进多功能智能杆规划

全球很多城市在开展建设智慧城市探索过程中局部试点了多功能智能杆项目，在美国，试点的多功能智能杆充电桩产品，成为该区域市场增长动力，韩国、日本等国家利用配备有智能灯光系统的多功能智能杆减少路灯能耗，根据自身情况，开发出与之匹配的功能挂载，正是多功能智能杆的优势所在，深圳市作为全国信息产业重镇，2019年信息产业规模达到27828.6亿元[①]，根据深圳"20+8"产业集群统计口径，2021年深圳软件与信息服务业集群增加值2295亿元。拥有华为、中兴等一批5G领域龙头企业，在5G应用领域处于全国领先位置，为进一步满足5G产业高质量发展，提升融合设备的创新能力，打通底层数据互

[①] 数据来源：深圳市工业和信息化局. 深圳出台软件产业重磅政策倾力打造国际软件名城. http://gxj.sz.gov.cn/xxgk/xxgkml/qt/gzdt/content/post_10191281.html.

联互通建设数字政府与智慧城市等需求来看,发展多功能智能杆成为深圳市的有力抓手。

首先专项规划充分考虑上述需求,以5G基站、公安监控、智慧交通为主导功能,满足5G信号的覆盖率、公安监控站点不足、智慧交通中道路协调平台、车路协同等技术未来发展的需求,以智能照明、信息发布屏、广播、WLAN、智能驾驶路场设备、气象及环境监测、电磁环境监测、充电桩、灾害监测等作为辅助功能进行规划,充分考虑各不同场景中多功能智能杆的使用,满足场景的定制化功能配置,系统性解决杆体功能重复建设、单个杆体使用场景单一的现状,为数据互联互通提供了空间基础。

（2）考虑综合工程条件

专项规划考虑到多功能智能杆为市政道路及园区、小区、公园建设,所以多功能智能杆对稳定、可靠的传输线路有迫切需求。新建道路在没有通信管道的一侧,新建6孔ϕ110的通信管道,除管道资源需预留外,规划还分别考虑了取电、用网、数据计算、数据存储等配套设施,多功能智能杆建设是一项综合工程,是多个专业多个行业的汇集,仅考虑单一功能和一个配套设施是不够的。多功能智能杆配套设施配置示意图如图12-1所示。

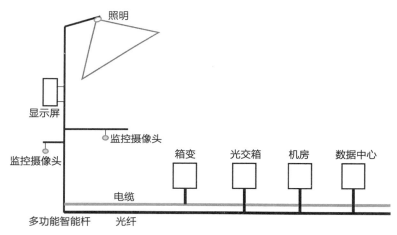

图12-1　多功能智能杆配套设施配置示意图
（图片来源：笔者自绘）

（3）考虑工程实施许可,提前报批报建和实施顺序

多功能智能杆建设,需根据道路主体建设同步进行,本次专项规划在全市共规划约4.2万根杆址,规划近期建设杆体通过市级交通部门的道路占道挖掘系统,提前进行工程报批报建,充分考虑建设时序,减少道路开挖,为建设过程提供政策保障,同时可以减少多功能智能杆建设的成本,避免重复建设。

（4）与供电局合作考虑公共用电

在规划中,配电成为规划重要组成部分,在全市布局规划了836个智慧箱变,根据实际落地项目参考箱变容量宜取350～630kVA,负载率按不超过80%控制,覆盖范围在800m,实际建设过程中，取电方式有三种：临近物业、现状箱变、新建专变，通过和供电局合作，在现状建成区，尽可能满足多功能智能杆在现状箱变处进行取电，在改扩建道路上新建专变进行取电，在取电困难的区域范围，通过临近物业进行取电。

（5）建立动态滚动机制

专项规划中考虑大部分多功能智能杆设置于城市道路范围内，人行道下敷设大量地下管线可能导致规划杆址位置产生偏移，因而在规划中建议以智能杆杆址半径10m作为杆址可移动布置范围，另外鉴于多功能智能杆可由多种主导功能以及多种辅助功能进行组合配置，挂载功能市场化程度强的特点突出，在实际建设中，会出现丰富的功能挂载和建设杆体样式的组合方案，为了满足这种动态的需求变化，可通过编制年度建设计划来响应和调整，纳入市局的"多规合一"平台，完成规划的更新。滚动更新机制见图12-2。

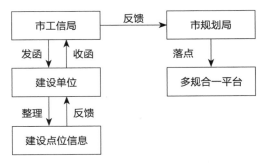

图12-2　专项规划规划点位动态更新机制示意图

（图片来源：笔者自绘）

（6）构建规划信息模型

通过现行收集到的标准、厂家设备资料及市政道路路灯点位等数据，每个功能形成一个图层，将这些图层进行叠加，形成了点位重合数据层，根据一定的范围整合，将相近功能点位进行整合，形成一个杆址，此杆址成为多杆合一的基准点，可以理解为一定范围内道路功能杆的集合点位，通过数据分析，得到一个完整的空间模型。图层叠加流程如图12-3所示。

另一种模型是通过建立约2km²的区域，设置两条主干路、四条次干路、六条支路组成的区域功能挂载模型，通过不同设备中不同国标及相关标准的挂载间隔规定，将路口与路段挂载功能固定，形成模型，为建设提供粗略的功能数量统计工具，示意图如图12-4所示。

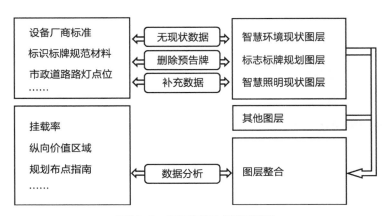

图12-3　图层叠加过程示意图

（图片来源：作者自绘）

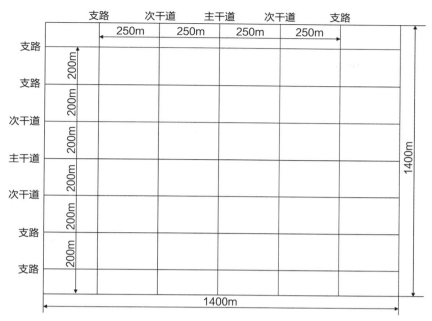

图12-4　片区路口及路段多功能智能杆布置模型示意图

（图片来源：笔者自绘）

（7）利用现代信息技术

专项规划中规划的点位有4.2万个，后续新增需求与专项规划点位是否匹配，需要通过地图将规划图层与新增需求进行叠加，找到匹配位置与相近点，同时因施工条件与需求变化而产生的建设点位与规划点位不一致的情况，需要通过这样的数据分析，找到挂载设备使用率最大的位置，获得最佳调整点位，进而更新规划，使得规划更为完善。

为了更满足实际需求，进一步补充规划，首先在建设区域需要满足功能管理方的需求，在此基础上，通过实地调研和结合合理数字化信息化思维，提升整个建设区域的挂载功能利用率，同时预留未来需求的实施条件，长期来看减少建设成本，通过不断地建设积累数据，结合高精度地图，形成点位分布模型，为后续同场景的规划提供方法，做到快速合理布点，整体提升杆体规划建设效率。

12.1.2 深圳市信息基础设施专项规划再思考

问题一：挂载需求变化大

作为三大主导挂载功能之一的5G基站，其工作频率的提高，导致信号穿透建筑物的能力较4G基站差，布置于楼顶的5G基站会在低楼层处形成信号盲区，另外基站工作频率的提高，让5G基站的覆盖范围减少至100~300m，基站扇形的信号覆盖，导致寻找信号盲区需要手持信号检测仪器进行实地测验，来判断是否信号强度不足需要设置基站，对于固定规划点位来说并不是能够完全符合基站建设点位的需求，公安监控与智慧交通则更是以需求为导向，选取特殊点位进行杆体布置，这是个动态的点位选取过程，具有时效性与系统性，规划点位仍需要不断进行优化补充，才能满足这些动态需求。

问题二：工程条件复杂

通信管道建设主要经历了多个发展阶段，也有较多的历史遗留问题，主要体现在管理主体资源不平衡，通信管道共享率较低，政府投资建设的管道资源相对还是较少，大部分管道资源掌握在通信运营商手上，导致通信管道共享率难以提高，许多线路仍是多年前的布局，使得地下埋管情况成为一个未知情况。除了在建设前进行报批报建，而且在多功能智能杆建设之初，地下停车场、地下卖场、地铁区域、燃气管道、供水、排水管道等情况需要避开，并需要进行勘察、勘探地下空间，以确定是否可以建设多功能智能杆。

问题三：有时候提前报批报建也不行

道路开挖计划，报批报建后，仍存在项目建设时序不同、施工条件不满足施工的问题，影响杆体建设，同时项目延期及改造计划改变同样会改变多功能智能杆的建设进度。同时周边商户会因添加杆体对生活产生影响而拒绝配合杆体建设，使得整个项目推进困难。

问题四：多功能智能杆建设过程中取电困难

现状情况，因社会发展，用电需求相较于之前大大增加，现有公用箱变均存在容量不足的情况，插花式建设多功能智能杆，时常遇到公变不能接电的情况，自建专有箱变则因插花式建设的杆体数量不够，而用电量太小，使用自建箱变则会产生很大的容量冗余，增加成本，减少插花式项目建设是解决这个问题的方法之一。

问题五：规划编制体系本身是比较静态，无法及时更新

规划与建设间存在时序的问题，对于商业化程度较高的基站功能，需求变化较为频繁，同时因周边市民的投诉而迁址的基站不在少数，规划的落实情况会因此而产生影响，而规划本身是较为静态的，确定的杆址在这时就会产生变化，需要更新体制的建立，对于不同情况的杆址进行调整、新增以满足现实情况。

问题六：规划模型的复杂度不够

首先，模型中图层叠加的要素不足，例如地下管线、地下空间、周边配电配网情况，会影响模型在一定场景下失真的情况，其次缺少数据量的支撑，现状路面杆体数量、类型、功能并没有一个确定的数字和说明，因为这样的杆体在城市中数以万计，统计的话是一个长期的过程，这同样是模型无法直接运用的瓶颈。

问题七：多杆合一很难做到

多杆合一成为建设多功能智能杆的建设难点，规划处于初级阶段，指标建设不够完善，从实际建设情况来看，多功能智能杆建设需要逐步减少周边杆体，达到减杆的目的，除规划建设多少杆体以外，仍需考虑增加这个指标，通过完善的配套设施支撑，规范市政道路上多杆林立、重复建设的现状，实现其多功能这一特性。

12.1.3 创新之路: 深标落地、滚动机制、高新技术

多功能智能杆建设属于市政信息通信基础设施，需要标准的支撑，出台更加详细的布点标准，有利于减少多功能智能杆建设过程中存在的空间布点问题，同时更好地解决了配套设施设置的问题。同时静态的规划，对于多功能智能杆的建设来说，不够灵活，需要通过滚动修编机制补充规划来满足建设要求。

传统规划资料来源于调研，现如今的规划正在向系统化、复杂化转变，各规划之间相互影响、相互促进，这极大地考验了规划人员的能力与技术，急需通过大数据、云计算等技术，实现规划多要素的叠加与分析，以此减少规划人员在大量资料中预测、寻找、比对、匹配、落点等工作的强度，更为简单表述规划内容，数字模型的运用使得规划更加贴近实际，数字化、可视化技术在规划领域的运用，则为方便展示规划内容提供了路径。

12.2 以客户需求为导向的建设思路

多功能智能杆是新型信息基础设施的一种，作为基础设施具有公共属性的一面，由政府部门主导建设，因是新型的基础设施，也带来市场属性的一面，体现出了它的经济价值，由其他市场主体参与建设。

12.2.1 以社会效益为导向的建设思路

（1）多合一杆，立足于未来，统筹规划建设

以多合一杆为导向的建设思路，要从项目初始阶段就统筹考虑，在满足交通监控、交通信号灯、道路指示等设备设施使用功能和运维管理的前提下，将交通信号灯、交通监控设施、道路设施、通信基站、环保监测等统筹规划，进行多设备合挂一多功能智能杆，多专业共用一箱体，多功能智能杆基于城市创新、绿色、开放、共享的发展理念，集多杆件、箱体于一体，采用智能化管理手段，助力城市精细化管理、智慧化应用。道路照明灯杆、交通标志杆、交通信号灯杆、视频监控杆、通信基站杆、行人导引类指示牌杆等各类杆体整合到一根多功能智能杆上，采用多合一杆、资源共享的统筹规划建设思路，必将减少重复建设、减少城市空间占用、降低建设成本，实现一杆多用。

典型路口初期随路建设，一般有路灯、车行和人行信号灯、监控、标识牌等，具体分布如图12-5所示。

随着城市的发展和车路协同的需要，以及建筑物的阻挡，车流、人流逐步达到相关要求时，将陆续在路口增加电子警察、智能交通设备、通信基站、气象监测、智慧环境等相关设备设施，打造全息路口，如不采用多合一杆在前期进行统筹规划建设，路口将有越来越多杆并立，如图12-6所示。

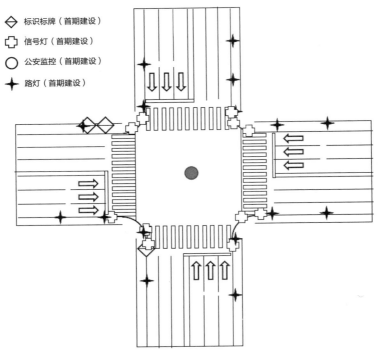

图例:
◇ 标识标牌（首期建设）
♦ 信号灯（首期建设）
○ 公安监控（首期建设）
✦ 路灯（首期建设）

图12-5 典型路口初期设施建设示意图
（图片来源：笔者自绘）

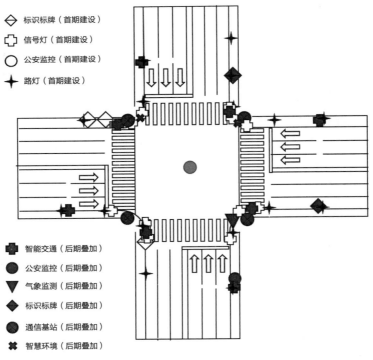

◇ 标识标牌（首期建设）
♦ 信号灯（首期建设）
○ 公安监控（首期建设）
✦ 路灯（首期建设）

✚ 智能交通（后期叠加）
● 公安监控（后期叠加）
▼ 气象监测（后期叠加）
◆ 标识标牌（后期叠加）
● 通信基站（后期叠加）
✖ 智慧环境（后期叠加）

图12-6 典型路口功能叠加扩展示意图
（图片来源：笔者自绘）

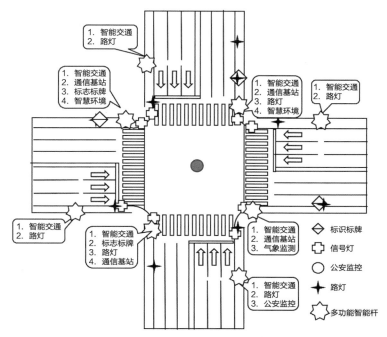

图12-7　典型路口多功能智能杆杆址挂载设施规划

（图片来源：笔者自绘）

　　如在建设初期就采用多合一杆进行规划建设，初期仅需规划约8根多功能智能杆替代原有的24根杆，大大减少了路口的杆体，同时，由于是统一规划建设、管道共用，减少了后期重新开挖路面敷设管道，大大降低了对行人和车行的影响。典型路口多功能智能杆杆址挂载设施规划如图12-7所示。

　　（2）多杆合一，立足于减杆，优化城市空间

　　多杆合一，指将道路上已有的设备设施进行合杆，拆除原有旧杆，将多根旧杆挂载的设备设施安装在新立的多功能智能杆上，以达到减少多杆林立的目的。合杆是一种道路上可搭载照明、交通、监控、通信等多类设施的杆件，按照多杆合一、多箱合一和多头合一的要求，对各类杆件、机箱、配套管线、电力和监控设施等进行集约化设置，实现共建共享、互联互通。通过采用新材料、新工艺和新技术，减小综合杆杆径和箱体体积，提高设施的安全性及安装、维护和管理的便捷性。

　　多杆合一的应用，一方面能将城市道路两侧的林立杆体有效整合，杆柱将比现在减少一半以上，各类配电箱也将迎来大幅精简，有效节约城市空间土地等资源，提高城市整体形象，保障市民安全等；另一方面，多杆合一采用的综合运营管理平台能有力解决管理分散的问题，推进城市精细化管理，助力智慧城市建设。

　　目前多杆合一已然成为一种发展趋势，智慧城市、5G建设等都在推进"多杆合一"建设。未来随着相关政策的落地执行和不断完善，以及行业的持续大力发展，更多的多杆合

一应用在各地投入使用。届时，多功能智能杆将承载更多的业务和功能，满足智慧城市建设需求。

以某十字路口开展多杆合一整合为例，路口范围内原有电子警察、机动车信号灯、治安监控杆和指示牌杆共计49根，可整合杆36根（其中：交通信息杆27根，指示牌杆9根），整合率约为73%，整合后需新建多功能智能杆11根，为智能网联、交通指示牌、公安监控等设备设施挂载。具体如图12-8~图12-10所示。

图12-8　某十字路口现状杆件实景图

图12-9　某十字路口整合需求规划图

（图片来源：笔者自绘）

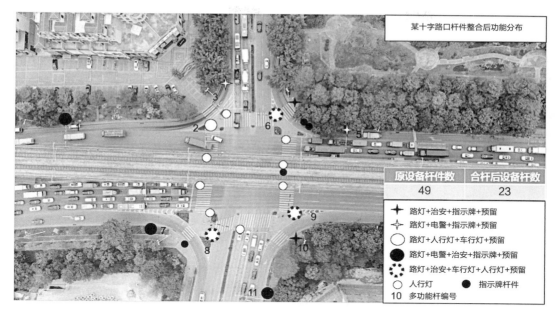

図12-10 某十字路口合杆建设规划杆址图

（图片来源：笔者自绘）

12.2.2 以市场需求为导向的建设思路

以市场需求即以特定功能为主导建设的多功能智能杆，对于承建企业来说，首要的是满足市场设备的挂载需求，该需求可能是单一的一个摄像头，可能是成套的移动通信基站，也可能是路侧单元设备，因此，在满足市场基本需求的基础上，要结合现场环境，尽可能预留能挂载设施功能的位置，以获取更高的市场回报。

12.2.3 以打造高价值点位为导向的建设思路

以打造高价值点位为导向的建设思路，前提是如何寻找高价值点位，简单直白就是多功能智能杆立在哪里，哪里能挂载的不同功能种类的设施最多，则体现出多功能智能杆的价值最大化。因此，如何准确地对业务进行分析预测，应按照什么样的杆型设计，提供什么配套规模，是项目建设的一大难点，缺乏点位价值分析与建设场景指引的情况，势必在未来造成高价值杆址挂载能力不足，而低价值杆址能力过剩浪费，影响长期运营，造成投资浪费。

针对这个难点，应做好项目场景分析，针对项目所在范围的特点，对不同类型的片区覆盖场景再进行场景定义与业务需求识别，确认、定位各种道路场景下高频、大概率存在业务需求的杆址位置，总结出规律。在此基础上进行各具体项目的杆址方案设计，并在每个项目实施后继续进行验证评估，修正高价值杆址分布规律，最终形成具备指导性可用于后续多功能智能杆建设指引的总结。通过这种工作方法，可以有效地持续改进多功能智能杆的建设质量与效率。因此，实施前应针对性地进行智能杆场景规划与高价值杆址分析工作。

专栏

广深沿江高速（深圳段）多功能智能杆实践案例（图12-11）

建设背景：按照《深圳市关于率先实现5G基础设施全覆盖及促进5G产业高质量发展的若干措施》《深圳市5G基站和多功能智能杆近期建设规划（2019—2025）》等相关要求，实现高速路段5G全覆盖，打造"5G+智慧高速"新型信息化高速公路。

需求来源：广深沿江高速（深圳段）总长约30km，为打"5G+智慧高速"新型信息化高速公路，实现全路段5G信号覆盖，信息通信运营商提出93个5G站址需求。

实施路径：在市行业和交通主管部门指导下，深圳市多功能智能杆投资建设运营主体挑起在广深大动脉建设多功能智能杆及配套设施的重任。在建设过程中，深圳市市属国企充分发挥协同效应，克服施工周期短、恶劣的施工环境等因素，在广深沿江高速（深圳段）完成93根多功能智能杆的立杆、敷设约22km电力电缆、93km光缆等，配合信息通信运营商挂载5G通信基站并开通信号，将该高速建设成为全国首条以多功能智能杆为载体实现5G全覆盖的智慧高速。

社会反响：广深沿江高速公路是粤港澳湾区内最主要的高速公路之一，连接广州、深圳、东莞，通过多功能智能杆方式实现5G信号全覆盖后将充分发挥各地产业优势，协同产业发展，共同推动社会主义先行示范区和粤港澳大湾区双区建设。而且，在广深沿江高速新建的多功能智能杆，在以挂载5G移动通信基站为基本功能的基础上，充分考虑杆体所在的场景需求，规划好杆体的预留挂载能力。随着业务的拓展，实现了功能复用，增加了道路交通监控、气象监测等设备设施。

通过现场调研与需求分析，归纳总结出不同道路、园区、场景类型下高价值杆位的分布规律及挂载能力需求，形成对多功能智能杆建设项目具有明确指导性的高价值杆位选定规则、杆规格配置规则、电源与光纤资源预留规则、设备挂载方案规则。并将咨询成果应用于后续项目建设的建设方案指引，保证后续建设内容匹配不同场景的实际需求，提高项目投资效益。

图12-11　广深沿江高速（深圳段）多功能智能杆挂载设备实景图
（图片来源：笔者自摄）

根据城市道路特点，可有针对性地对平交道路口、主干道路沿线、次要道路沿线、快速干道沿线、立交桥（桥上及桥下）、小区/商区/重要建筑入口、公园/绿地、小区/城中区内部等进行分析，这些区域可能产生较多类型和较高频次的多功能智能杆业务挂载需求，基本可以确定除了5G/4G挂载需求外还可能合并/新增1种或1种以上的业务，以到达投资效益最大化。

12.3　信息基础设施交付管理

根据业务开展需要，深圳市多功能智能杆项目可划分为"社会效益导向类"与"市场需求导向类"两种，前者主要是沿市政道路，伴随道路新建或者改扩建工程，实施的将路灯杆更换为多功能智能杆的项目，杆体预留未来挂载功能，后者主要是根据市场主体的要求开展建设的项目，有明确挂载需求。

12.3.1　社会效益导向类项目的交付管理

该类项目规模效应显著，可集中打造运用场景，相对市场需求导向类项目在取电和报建难度、综合建设成本方面较低。主要交付难点在于：多功能智能杆项目与道路主体项目存在交叉作业，一般需要道路主体施工单位释放施工界面后，多功能智能杆项目施工单位才能进场施工，一旦双方缺乏沟通默契，将会导致多功能智能杆项目的施工窗口期变短，严重时甚至导致基础或配套管线的建设空间被主体道路建设方挤占，多功能智能杆项目施工单位需投入更多资源进行沟通协调。

要解决上述问题，最好是多功能智能杆项目和道路主体项目采用同一家施工单位，如果无法达成的话，就需要：一是要建立项目统筹对接机制，加强对主体项目的持续跟踪，确保信息传递不失真，沟通渠道大畅通；二是与道路主体建设单位签订管理责任协议，明确界定职责；三是优化自身施工组织设计。

该类项目的多功能智能杆接入网络，根据接入成本以及需要向后台平台回传数据的大小、频率，考虑两种接入方式：第一种是感知仪+无线网络方式，该方式投入成本低，部署方便，仅能回传杆体温度、湿度、倾斜度数据量不大的杆体环境数据；第二种是购买带有监测杆体温度、湿度、倾斜度功能的网关，使用光纤回传杆体环境数据和未来挂载设备可能产生数据流。

12.3.2 市场需求导向类项目的交付管理

该类项目业务需求明确，建成即产生现金流，收益稳定。建设主要难点在于：由于项目小而散，取电用网困难；报建难度大，协调涉及面广（城管、交通、街道办、物业等），成本较难控制。

针对取电难、报批报建难等问题，一是主动对接政府供电部门，在施工前就开展电力报装工作，在施工前完成用电报批手续；二是如果在附近没有供电局公用变压器的情况下，与灯光管理部门沟通，从多功能智能杆所在道路的路灯变电箱牵专线为多功能智能杆供电，并单独安装电表计量电费。

该类项目的多功能智能杆接入网络，也可以分为两类接入方式：第一类是运营商5G基站挂载项目，根据行业惯例，一般运营商都就近提供网络用于回传数据；第二类是非运营商项目，采用申请专线的方式回传由于挂载需求产生的数据流。

12.4 通过城市物联感知大数据平台打造智慧城市数字底座

12.4.1 构建数字底座关键是"一数一源"

智慧城市的建设离不开各个领域庞杂的数据支撑，为避免信息孤岛的产生，实现数据的互联互通和"一数一源"，就需要有一个承载各类数据的有效载体，这个载体就是智慧城市不可或缺的数字底座，城市物联感知大数据平台以连接、感知和计算三大核心能力，融合系列数字规则，集监测、控制、维护、管理功能于一体，凭借其整合数据的强大能力打造智慧城市数字底座。

2020年9月24日，深圳市启动鹏城智能体建设。鹏城智能体将以"数据"为基础，融合5G、云计算、物联网、大数据、人工智能、区块链等新一代信息技术，建设数基、数网、数纽、数脑、数体系列工程，打造数据驱动的、具有深度学习能力的城市级一体化智能协同体系，把深圳建设成"数字中国"城市典范。

以打造智慧城市数字底座为目标建设开放式城市感知平台——城市物联感知大数据平台，通过感知数据标准化处理和共享共用，实现感知设备的规范化接入和数据汇聚，形成对物理城市的全面感知，构建鹏程自进化智能体的数字底座，实现全市感知网络大数据的统一汇聚和统一服务。

一座城市做数字化是第一步，接下来是智慧化，现在国际上提出的智慧城市以及未来城市大脑等都是这样的过程。而要做到智慧城市的治理，首先要对一座城市先进行一个数据化的过程，第一步就是将城市相关位置安放相应的感知终端，再进一步，采集所有感知数据和信息，譬如星期一早上堵车高峰的状态，每一辆车、每一位行人、每一个活动的物体全都可以被感知，最后就是让数据流动起来，运行不同的插件应用，例如交通管理部门就可以放自己的插件，监控当前城市发生的任何一起交通事故，以及交通事故所带来的周边道路拥堵状况的变化。利用云计算、大数据、人工智能等技术建设的城市物联感知大数据平台，对感知数据的实时采集、处理与传输和对各类终端进行控制和管理，推动感知数据共享应用，打通感知数据采集到共享的全链条，成为鹏城自进化智能体的数字底座。

集照明、WiFi无线网络、视频监控、LED信息屏、环境实时监测、紧急呼叫、水位监测、充电桩和井盖监测等功能于一体的多功能智能杆支撑城市感知信息覆盖和共享共用，提升公共安全、城市管理、道路交通、生态环境等领域的智能感知水平，构建城市全面感知体系。一个城市涉及交通、警务、教育、医疗、危化、安监等方方面面，智慧城市建设肯定是循序渐进的，无法一次到位，随着智慧城市业务应用的发展需要，感知终端的类型和数量会逐步增加，城市感知网络也将逐渐扩大，特别是通信管道、管廊、供配电、燃气管道等城市生命线设施管理和智能网联、车路协同等创新应用，这些感知终端和感知数据都可以通过城市物联感知大数据平台打造的智慧城市数字底座服务城市方方面面，实现城市生产生活、城市管理运行的协同。

12.4.2 依托平台实现数据互联互通和共享共用

（1）前端：数据互联互通

1）数据采集难点分析

难点一：终端类型多种多样

以多功能智能杆为节点的感知终端包括摄像头、雷达、环境传感器、气象传感器、信息发布屏、紧急求助终端、公共WiFi、公共广播等，这些终端的类型"五花八门"，终端的功能也差别巨大，不同厂家的同类型终端的数据类型和功能也不一致，这些终端如果按照传统独立的方式来接入，将会存在巨大的接入工作量，也给后续设备升级和运维增加麻烦，随着行业应用和设备量增长，新增应用需要针对不同的标准多次定制开发，造成业务的复制成本增高。

难点二：协议规范难以统一

物联网技术发展的"碎片化"现象突出，各类感知终端采用的芯片和方案不统一，接入协议多种多样，当前存在Modbus RTU、Modbus TCP、CoAP、MQTT、HTTP、ONVIF、RTP、RTSP等主流协议以及众多的私有协议。同一类型、不同厂家生产的终端的接入协议也不相同，甚至同一厂家不同版本的终端协议也不尽相同，对这些终端接入存在巨大协议适配困难，也给后续设备运维增加麻烦。

2）采集规范标准化措施

标准化是大家非常熟悉的概念，国民经济的各个领域都离不开标准化，大到航空航天设备的制造，小到一颗螺丝钉的生产，标准化都是不可或缺的，是放之四海而皆准的降本增效、提升核心竞争力的重要途径。

城市物联感知大数据平台采用建立标准数据模型的方式将实体终端抽象化建模以后，对终端进行标准的数字化描述，对终端产生的数据进行统一、标准地描述，实现海量数据的识别、解析与共享。

城市物联感知大数据平台采用建立统一协议规范的方式将终端协议规范化，终端通过接口网关或软件升级等方式遵循统一的协议规范，实现海量终端统一接入，海量物联感知数据采集。

城市物联感知大数据平台通过统一终端接口、统一终端接入协议规范等数据采集标准化能力建设，实现终端的统一认证接入和感知数据采集，实现感知终端即插即用，降低感知网络建设、运维成本，方便城市感知网络后续扩容与升级，不断满足城市建设与城市治理的需要。

（2）后端：数据共享共用

1）数据共享难点分析

难点一：数据业务关联性不高

感知数据具有多源异构、规模巨大等特性，海量数据之间缺少业务关联性，导致数据共享效率低下，数据价值无法充分利用。

不同设备的行业标准各异，新增应用需要针对不同的标准多次定制开发，造成业务的复制成本增高。

难点二：数据云端共享链路长，响应不及时

感知终端的芯片器件、技术体系、功能规格等千差万别，限制了感知设备间的互联互通，通常采用云端平台对协议进行解耦，但是感知数据从本地采集传输到云端平台，通过云端平台共享后形成应用到前端响应，整体数据链路很长，无法实现秒级响应，服务实时性差，严重影响用户体验。

2）云边协同联动措施

城市物联感知大数据平台采用云边协同机制，在边缘计算网络算力的加持下，对以多功能智能杆为节点的前端感知终端数据进行转换、萃取和计算，最后根据计算结果和边端联动策略进行动作，实现数据共享边缘场景闭环处理，形成基础场景的原子解决方案，同时基于新的业务需求对原子解决方案进行编排，迅速形成新的解决方案。

12.4.3 案例：深圳市多功能智能杆统一运维

按照《深圳市5G基站和多功能智能杆近期建设规划（2019—2025年）》，全面推动深圳市5G基站建设，计划到2022年完成2.5万根多功能智能杆的建设改造，支撑5G基站的建设覆盖密度。2019年9月1日，深圳市政府印发《关于率先实现5G基础设施全覆盖及促进5G产业高质量发展的若干措施》，明确指出"市基础设施投资平台公司作为运营主体负责全市多功能智能杆及配套资源的统一运营、统一维护"。

深圳市多功能智能杆综合管理平台是全市统一的多功能智能杆信息交互、设施设备运维与运营服务平台，支撑多功能智能杆规、建、管、养全生命周期体系管理。支持应用系统集成和跨部门跨领域数据共享和协调联动，用户可充分利用城市感知网络数据，相关应用以模块化的方式在平台上进行建设和完善。

平台对多功能智能杆的杆体、杆上挂载设备（照明、摄像头、信息屏、广播等）以及通信网关、数据中心机房等相关设备基于设备监测自动上报事件、告警信息，来完成对运维工作的整体把控。通过监控告警信息，判断故障问题，通过GIS地图锁定设施位置、查看设施详情，调配资源并创建工单派发责任人及时进行处理。同时在日常运维中按照巡检计划进行常规巡检，及时发现问题并解决，预防事故发生。做好应急预案措施，发生事故时按照预案稳步执行。

平台汇聚城市运行基础数据，制定统一的数据标准，融合城市环境、视频、能源、交通等数据，建立城市集约共享的数据资源池，实现交换共享，实现数据在不同区域或系统中的融会贯通，提供面向政府、企业、行业的统一数据源共享服务，实现数据的按需取用。平台总体架构如图12-12所示。

平台具备智慧照明、视频监控、公共广播、车流量监测、信息交互、LED广告、无线WiFi等基础场景原子应用的集成和联动，可扩展环境监测、气象监测、智能井盖监测、RFID人员监测、智能停车、智能门禁等基础场景原子应用，如图12-13所示。

12.4.4 案例：深圳市福田区智慧生态环境示范[①]

通过多功能智能杆挂载一体化城市生态环境感知设备，对全区主要区域、道路、功能区的噪声自动监测点位布设，以实现对噪声的自动监控、超标预警及分布规律统计分析，为管理部门完善噪声监管体制提供定量数据支持，为城市降噪带规划、设计等指明目标和

---

① 此项目由深圳市卡普瑞环境科技有限公司提供主要技术支持。

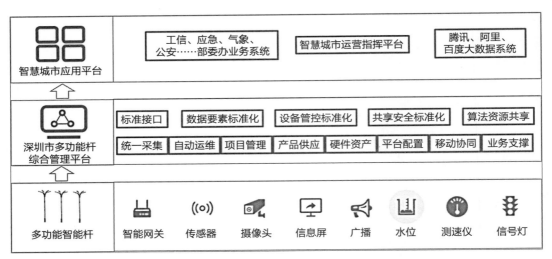

图12-12　深圳市多功能智能杆综合管理平台总体架构图

（图片来源：笔者自绘）

图12-13　深圳市多功能智能杆综合管理平台场景应用示范

（图片来源：笔者自绘）

方向。同时可扩充监测气象及其他辅助参数（如车流量、视频数据、扬尘、机动车尾气浓度及比例关系等），并通过上述多维度数据的互相融合，提高对噪声源的判定准确率。

　　将噪声监测数据与人口密度数据、居民信访投诉热力图数据重叠，重点关注影响人群多、涉及范围广的噪声源，比如在噪声投诉量较多的建筑施工工地、广场舞等自发娱乐场地、商业经营活动和营业性文化娱乐活动中使用高音喇叭、音响器材等重点区域安装噪声自动监测装置，出现扰民问题及时响应处置。

　　在福田区挂载空气质量监测站，建设生态环境监测点位50个，监测空气污染物、气象和噪声。示范点位如图12-14所示，生态环境示范终端挂载情况如图12-15所示，福田区智慧生态环境示范系统图如图12-16所示。

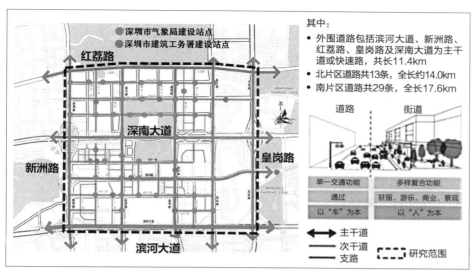

图12-14　福田区智慧生态环境示范点位图
（图片来源：笔者自绘）

（a）市花路　　　　　　　　　（b）华强北步行街

图12-15　福田区智慧生态环境示范终端挂载实景图
（图片来源：笔者自绘）

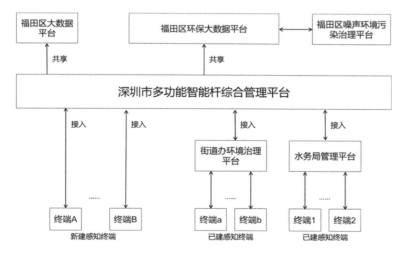

图12-16　福田区智慧生态环境示范系统图
（图片来源：笔者自绘）

13 产品方案：数字化产品与场景菜单式解决方案

多功能智能杆是感知网络体系的重要组成部分，前文对多功能智能杆在智慧城市扮演的数字城市的数字站点、城市感知网的网络锚点、信息时代的城市手机等多重角色进行了丰富阐述。从产品和解决方案的视角来看，作为新一代信息基础设施的多功能智能杆与传统的基础设施区别体现在哪？如何在多样化的行业、空间应用中从需求出发提升产品集成能力，推动产品体系建设并最终形成行业空间解决方案，这已成为多功能智能杆快速规模化的制约因素之一，也是影响多功能智能杆进一步发展的痛点和难点。

13.1 多功能智能杆是一种数字化的产品吗?

多功能智能杆顾名思义，具有多功能和智能双重属性，多功能很好理解，众多的挂载设备如摄像头、照明灯具、物联传感等集于一身便具备了多功能的属性。那智能的属性体现在哪里呢，我们可以回归到智能包含的三个缺一不可的能力特性：灵敏准确的感知能力、正确的思维判断能力以及行之有效的执行能力。这就需要多功能智能杆大系统内的各类设备、各类子系统之间不仅是多种功能的物理堆叠，还需要相互联动、相互融通，也从侧面印证了多功能智能杆是个融合创新的产物。从属性上可以提炼出多功能智能杆的关键字为集约、共享、融合。

数字化是个公众耳熟能详的概念，大到国家、小到企业都在提数字化转型，其涉及范围非常大，但关键词其实也是融合、互联互通等，多功能智能杆和数字化的属性非常接近，甚至可以说多功能智能杆本身就是随着数字化应运而生，是数字智能体的一种形式。

从产品的角度来分析，"硬+软"是多功能智能杆区别于传统基础设施的典型特征。硬件方面不仅包括前端的杆体和各种信息采集设备，还包括边缘侧计算、存储等设备以及传输和配套设施。软件方面包括综合管理平台、应用场景解决方案以及相关的专利和技术。也正是硬件加软件的产品特征才构建出集约共享、融合创新的多功能智能杆这一数字化产品。

13.2 数字化产品的集成离不开数字化思维

多功能智能杆是新一代信息技术新型复合型公共信息基础设施，其应用场景广泛，挂载功能多样（相应功能对应的挂载设备见表13-1），这也造成了多功能智能杆产品方案的多样性和复杂性。目前行业仍处于发展初期，生态链并不完善，上下游的企业多从照明、通信、安防等不同行业跨界而来。

基本功能相关主要挂载设备对应表　　　　　　表13-1

序号	基本功能	主要挂载设备
1	智慧照明	照明灯具、照明控制器
2	视频采集	摄像头、补光灯
3	移动通信	移动通信基站及配套设备
4	交通标志	交通指示标志牌
5	交通信号	信号灯、电子警察
6	智能交通	视频监控前端设备、道路交通流信息采集设备、交通诱导可变标志信息发布设备
7	公共广播	IP音柱、广播扬声器
8	环境监测	环境传感器
9	气象监测	气象传感器
10	一键呼叫	一键呼叫对接系统
11	信息发布	LED信息屏、广告灯箱
12	多媒体交互	互动触摸屏
13	充电桩	电动汽车充电桩
14	智慧停车	高位视频、停车诱导
15	车路协同	路侧单元

从供给侧来看，多数企业难以摒弃原有行业的惯性思维，导致产品质量参差不齐、标准不一，缺少系统性、整体性解决方案，这归根结底还是缺少数字化的思维，只站在企业的角度去开发，没有从整个产业的角度去推动产品的革新。从需求侧的角度去看，可参考优秀成熟的案例不多，每个项目或者每条路甚至每根杆都是定制化的设计方案，不仅影响建设周期和成本，也极大增加运维工作的难度，导致运维成本大幅上升等。数字化产品的集成离不开数字化思维，必须从产业的高度去打造标准统一、集成创新的产品体系，带动产业高质量发展，降低行业综合成本，提高效率。

13.2.1 数字化视角下的问题分析

（1）杆体造型结构千变万化

多功能智能杆杆体产品是硬件产品体系中最基础的一项，其造型设计将会带来直观的视觉冲击，成功的多功能智能杆设计不仅能提升城市景观形象，成为城市一道风景线，甚至还能成为弘扬城市文化、传递城市精神的载体。这也是多功能智能杆造型备受关注的原因之一。

不同项目、不同区域对于杆体的选型原则都不太一样，有些项目选型现代简约时尚，有些项目选型古典装饰奢华，图13-1所示为简约风格的多功能智能杆、图13-2所示为装饰风格的多功能智能杆。

不同项目，甚至是同一个项目，不同设备与杆体的安装固定方式也都不同，有插接安装、抱箍安装、螺栓安装等，不同种类不同型号的设备安装都随着杆体造型结构的不同而不同。这样不仅让生产厂家增加成本从而导致建设成本增加，更在后期运维带来极大的困难。

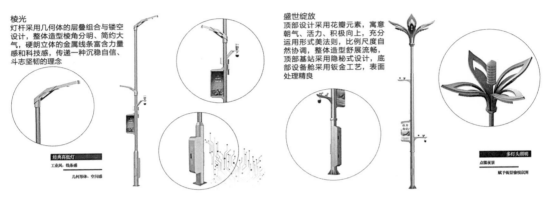

图13-1　简约风格多功能智能杆
（图片来源：笔者自绘）

图13-2　装饰风格多功能智能杆
（图片来源：笔者自绘）

（2）供电需求多种多样

多功能智能杆融众多功能于一体，不同类型的设备其供电需求都不一致，有需要交流的，也有需要直流的，电压也不一样，有220V、48V、24V、5V等。每一种设备在多功能智能杆出现之前都是成熟的独立产品，各类设备都有独立的供电模块，摄像头有供电模块，LED显示屏也有供电模块，公共广播也有供电模块。如果这些不同的供电需求还是按照原来单独供电的方式来解决，同样也会在建设阶段和后期运维阶段带来各种影响。

（3）硬件接口、软件协议种类繁多

不同类型的设备接口不尽相同，有的是RJ45接口，有的是485接口，有的是USB接口，有些是有线传输，有些是无线传输。这些设备如果按照原来独立的方式来接入和传输数据，可想而知会给建设和运维带来多大的麻烦。同样，各种设备的对接协议也是种类繁多、成百上千，这对设备的接入影响也非常大，制约着挂载设备即插即用。

13.2.2　数字化产品集成的三大法宝

（1）运用标准化思维提升集成能力

标准化是大家非常熟悉的概念，在国民经济的各个领域都离不开标准化，大到航空航天设备的制造，小到一颗螺丝钉的生产，标准化都是不可或缺的，是组织现代化生产的重要手段和必要条件，也是放之四海而皆准的降本增效、提升核心竞争力的重要途径。

通过标准化思维建立杆体及设备的标准化安装结构、统一硬件接口及对接协议，从企标、团标逐步上升到地标、国标，实现设备即插即用，促进整个产业发展。深圳目前由主管部门和运营主体牵头编制了《多功能智能杆系统设计与工程建设规范》DB4403/T 30—2019、《多功能智能杆系统通信接口技术与数据规范》等地标团标，并推动了《智慧城市 智慧多功能杆 服务功能与运行管理规范》GB/T 40994—2021国标的发布。

再以多功能智能杆杆体外观及结构设计为例，可通过"结构标准化，造型定制化"的创新理念，将固定的结构、接口等进行通用化设计、规模化批量生产，而对于影响外观造型的部分进行差异化设计，如图13-3所示，杆体及支架部分为标准件，顶部造型进行定制化。改变杆杆不同样的复杂现状，既实现了规模化生产，提高了生产效率，又满足了定制化需求，完美契合了工业4.0的标准要求，实现产品快速批量化、规模化生产。

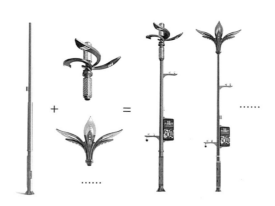

图13-3 结构标准化，造型定制化
（图片来源：笔者自绘）

（2）集成创新提升智能化水平

多功能智能杆融众多功能于一体，产品的集成创新显得尤为重要。前文中提到每一种设备在多功能智能杆出现之前都是成熟的独立产品，各种设备都需要供电和数据传输模块，统一的集成供电模块和数通模块就成为集成创新的最基本的出发点，这也是实现智能化管理，提升智能化水平的必由之路。

如图13-4所示，智能电源在多合一集成后体积变小了，功能变强了，实现了对杆载设备的统一供配电以及多回路分路计量，通过多路继电器实现负荷远程管理，方便运维人员对多功能智能杆的各个应用进行单独分析和控制；集成防雷等功能，最大程度保障设备与人身安全；有效准确地分析停电事件及电压质量事件，快速判断定位短路故障及接地故障并将故障告警主动上传，提高整体供电可靠性。

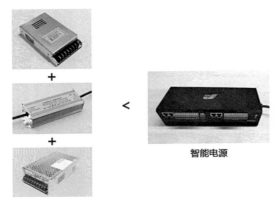

图13-4　智能电源集成创新
（图片来源：笔者自绘）

不同物联终端之间的集成也是产品集成能力的另一个重要体现。如图13-5所示，LED信息发布屏和广播之间的集成，二者功能属性都是信息发布和传递，声音和视频具有天然结合性，二者可集成创新为一体，即为具备IP广播功能的LED信息发布屏。

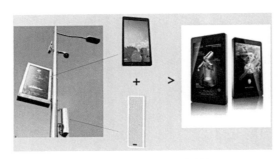

图13-5　物联终端集成创新
（图片来源：笔者自绘）

（3）融合应用创新衍生产品创新

多功能智能杆顾名思义，兼具多功能和智能双重属性，并不是简单的功能叠加，更重要的是其智能的属性，多功能智能杆的多应用融合便会创新出新场景新应用，原本割裂的独立功能通过多功能智能杆的大系统集成，衍生出很多联动的新功能新应用。而这些应用创新又会对产品创新提出更高的要求。

从智能的概念出发，智能是有灵敏准确的感知能力，有正确的思维和判断能力，有行之有效的执行能力，这三个能力构成从感知到判断再到执行的闭环。这个闭环要求也就衍生出多功能智能杆系统中极其重要的产品需求——智能网关，又称边缘计算网关，也称边缘智慧盒，目前行业内没有统一的命名，但其重要性是毋庸置疑的，其统一接入、协议转换、AI联动、边缘自治的能力使其成为多功能智能杆系统中大脑一般的存在。

物联接入的核心就是智能网关，可以将准确的感知数据统一接入；边缘自治的核心也是智能网关，对于时效性要求高、高边缘计算为感知终端设备提供更快的服务响应；终端联动的核心也是智能网关，满足算法配置、策略制定、联动应用等需求。

不同应用场景、不同使用环境下，智能网关产品的参数及性能肯定有所不同，深圳的做法是通过系列化的理念差异化配置产品的参数及性能，建立"深圳盒子"产品系列，使之有效覆盖绝大多数使用场景，如表13-2所示。在挂载物联终端较少、不需要边缘计算场景时，使用配置较低的数通产品提供物联终端综合接入及协议投传，数据报文按策略统一上传管理平台或AI边缘计算节点处理；而在挂载终端多，且需要简单边缘计算场景，使用配置适中的数通产品提供终端统一接入、协议转换、边缘自治，可搭配AI边缘计算节点进行AI分析；在非成片建设或改造、物联终端和应用集中、无统一规划的网络及AI边缘计算资源、网络及AI算力要求高时，使用高配置的数通产品。

深圳盒子系列产品 表13-2

低	低端网关应用于挂载物联终端较少、不需要边缘计算场景，提供物联终端综合接入及协议透传数据报文，按策略统一上传管理平台或AI边缘计算节点处理
中	中端网关适用于挂载终端多，且需要简单边缘计算场景，提供终端统一接入、协议转换、边缘自治，但不适用于视频分析（算力有限），可搭配AI边缘计算节点进行AI分析 中端网关支持和低端网关混合组网，边缘计算可多杆共享
高	非成片建设或改造，物联终端和应用集中，无统一规划的网络及AI边缘计算资源，网络及AI算力要求高，网关需集成AI算力
边缘计算节点	由部署在路边柜或机房的独立AI边缘计算节点，集中提供AI算力与中/低端网关搭配，实现算力资源灵活调度及最大化利用

13.3 场景菜单式解决方案

由于不同空间下的物理环境和服务对象不同，多功能智能杆需要满足不同需求。"硬+软"的组合再加上使用场景的多样化，这也造成了目前整个多功能智能杆产品涉及产品过多、产品体系过于庞大，如何从需求出发，从不同的使用场景找到共性，通过标准化的思维推动产品体系建设，建立标准版场景解决方案，再根据具体项目进行一定的定制开发，这样可以起到快速响应，从而加快多功能智能杆的快速规模化。

13.3.1 空间场景划分

从广义的空间场景划分，可以将多功能智能杆使用场景分为道路空间和泛园区空间。道路又可细分为城市道路、高快速路、机场港口等。泛园区又可分为公园景区、产业园区、商业街区、校园医院、居住小区等。

（1）道路空间

1）城市道路

城市道路是指通达城市的各地区，供城市内部交通运输及居民使用，服务于居民日常生活、工作通勤及文化娱乐等活动，向外负责连接对外交通的道路。按道路等级分为主干路、次干路与支路。综合分析此类场景下，多功能智能杆宜配置智能照明、视频采集、移动通信、交通信号等；可选配置应根据具体情况选择公共广播、智能交通、气象监测、信息发布、一键呼叫等（表13-3）。

城市道路的应用场景　　　　　　　　　　　　表13-3

应用场景	智能照明	视频采集	移动通信	交通标志	交通信号	智能交通	公共广播	环境监测	气象监测	一键呼叫	信息发布	多媒体交互	充电桩	智慧停车	车路协同
城市道路	●	●	●	●	●	○	○	○	○	○	○	○	○	○	○

2）高快速路

高快速路是指双向行车道、中央设有分隔带、进出口全部采用立体交叉控制，为城市中大量、长距离和快速交通服务。快速路要有平顺的线形，与一般道路分开，使汽车能以较高的速度安全畅通地行驶。多功能智能杆宜配置智能照明、视频采集、移动通信、交通标志等；可选配置应根据具体情况选择公共广播、智能交通、气象监测等（表13-4）。

高快速路的应用场景　　　　　　　　　　　　表13-4

应用场景	智能照明	视频采集	移动通信	交通标志	交通信号	智能交通	公共广播	环境监测	气象监测	一键呼叫	信息发布	多媒体交互	充电桩	智慧停车	车路协同
高快速路	●	●	●	●	—	○	○	○	○	—	—	—	—	—	—

3）机场港口

在机场港口、火车站等重点区域，多功能智能杆宜配置智能照明、视频采集、移动通信、公共广播等；可选配置应根据具体情况选择智能交通、环境气象监测、一键呼叫、多媒体交互等（表13-5）。

机场港口的应用场景 表13-5

应用场景	智能照明	视频采集	移动通信	交通标志	交通信号	智能交通	公共广播	环境监测	气象监测	一键呼叫	信息发布	多媒体交互	充电桩	智慧停车	车路协同
机场港口	●	●	●	○	○	○	●	○	○	○	○	○	○	○	○

（2）泛园区空间

1）公园景区

公园景区是指依托地方资源，在因地制宜基础上为满足自然观赏、参观游览、度假休闲、康乐健身等需求而开发的公共区域。多功能智能杆宜配置智能照明、视频采集、移动通信、公共广播等；可选配置应根据具体情况选择环境监测、多媒体交互、一键呼叫、信息发布等（表13-6）。

公园景区的应用场景 表13-6

应用场景	智能照明	视频采集	移动通信	交通标志	交通信号	智能交通	公共广播	环境监测	气象监测	一键呼叫	信息发布	多媒体交互	充电桩	智慧停车	车路协同
公园景区	●	●	●	—	—	—	●	○	○	○	○	○	○	○	—

2）产业园区

产业园区是指为促进区域重点产业发展而创立的特殊区位环境，是区域经济发展、产业调整升级的重要空间聚集形式，具有聚集创新资源、培育重点产业、推动城市化建设等一系列重要使命。多功能智能杆宜配置智能照明、视频采集、移动通信、公共广播、环境监测、气象监测；可选配置应根据具体情况选择一键呼叫、信息发布、智慧停车等（表13-7）。

产业园区的应用场景 表13-7

应用场景	智能照明	视频采集	移动通信	交通标志	交通信号	智能交通	公共广播	环境监测	气象监测	一键呼叫	信息发布	多媒体交互	充电桩	智慧停车	车路协同
产业园区	●	●	●	○	○	○	●	●	●	○	○	—	○	○	○

3）商业街区

商业区是指城市中各类商业网点集中、交易活动频繁且人流相对密集的地区。商业区一般位于城市中心区及其他交通方便、人口众多的地段，通常以区域批发中心、大型综合体等全市性大型服务贸易中心为核心。多功能智能杆宜配置智能照明、视频采集、移动通信、信息发布等；可选配置应根据具体情况选择公共广播、环境监测、一键呼叫、多媒体交互等（表13-8）。

商业街区的应用场景　　　　　表13-8

应用场景	智能照明	视频采集	移动通信	交通标志	交通信号	智能交通	公共广播	环境监测	气象监测	一键呼叫	信息发布	多媒体交互	充电桩	智慧停车	车路协同
商业街区	●	●	●	○	—	—	○	○	○	○	●	○	—	○	○

4）学校医院

校园区域一般是指用围墙或道路天然界限划分出的某学校用来承载校园功能（包括教学活动、科研活动、体育活动、师生及其他人员日常生活）的区域，包括教学楼、体育馆、实验楼、宿舍楼、生活配套服务设施等；出入口通常会有保安站岗。医院是提供患者收容治疗、健康检查、专业治疗、医学护理及康复、接转诊、医学研究等服务的重要公共服务场所，与居民生命健康息息相关，其范围包括建筑室内和室外活动区等。多功能智能杆宜配置智能照明、视频采集、移动通信、公共广播、一键呼叫等；可选配置应根据具体情况选择环境监测、信息发布、智慧停车（表13-9）。

学校医院的应用场景　　　　　表13-9

应用场景	智能照明	视频采集	移动通信	交通标志	交通信号	智能交通	公共广播	环境监测	气象监测	一键呼叫	信息发布	多媒体交互	充电桩	智慧停车	车路协同
学校医院	●	●	●	○	—	—	●	○	○	●	○	○	—	○	○

5）居住小区

居住小区是由城市道路或自然支线（如河流）划分，一般不为城市道路所穿越，拥有一定数量的居民和居住用地，并布置有居住建筑物、公共空间、绿地、生活配套设施、连通各建筑的内部道路。居住小区一般设置可满足人们日常生活需求的各类专业服务设施和日常管理机构。多功能智能杆宜配置智能照明、视频采集和智慧停车；可选配置应根据具体情况选择移动通信、公共广播、环境监测、气象监测、一键呼叫等（表13-10）。

居住小区的应用场景 表13-10

应用场景	智能照明	视频采集	移动通信	交通标志	交通信号	智能交通	公共广播	环境监测	气象监测	一键呼叫	信息发布	多媒体交互	充电桩	智慧停车	车路协同
居住小区	●	●	○	—	—	—	○	○	○	○	○	—	—	●	—

13.3.2 行业场景划分

多功能智能杆融合众多功能于一体，在不同的应用环境下实现物联感知设备的全方位的统一接入、终端联动、边缘自治，同时形成智慧园区、智慧交通、智慧应急等各个细分领域的解决方案，笔者从行业的角度对多功能智能杆的解决方案进行介绍。

（1）智慧交通

智慧交通充分利用物联网、空间感知、云计算等新一代信息技术，综合运用交通科学、系统方法、人工智能、知识挖掘等理论与工具，以全面感知、深度融合、主动服务、科学决策为目标，通过建设实时的动态信息服务体系，深度挖掘交通运输相关数据，形成问题分析模型，实现行业资源配置优化能力、公共决策能力、行业管理能力、公众服务能力的提升，推动交通运输更安全、更高效、更便捷、更经济、更环保、更舒适地运行和发展，带动交通运输相关产业转型、升级。

多功能智能杆助力智慧交通建设的解决方案是以精准感知、精确分析、精细管理为目标（图13-6），充分发挥多功能智能杆作为感知网络的终端入口，将感知设备采集到的实

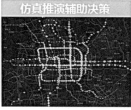

- 路段/路口全息感知
- 态势分析与事件预警

- 数字孪生实时仿真
- 管控方案仿真评价

- 大数据挖掘通勤特征
- 精准定制线路，匹配出行需求
- 主动式信号优先，快速、准点

- 一体化出行规划
- 一站多方式服务
- 智慧停车一张网

图13-6 精准感知、精确分析、精细管理的智慧交通
（图片来源：笔者自绘）

时交通数据对路网进行实时监测；高精度的实时动态信息，如交通运行环境、前方异常事件及天气情况等信息，并配合智慧云平台及各类道路交通平台，精准化推送至个人或汽车智能终端，提高出行体验；通过边缘计算节点实现多维融合，云边协同，将路侧信息通过RSU向道路车辆车载单元实时推送，实现未来车路协同相关应用实践。

（2）智慧园区

智慧园区是一个涉及多种技术、应用于多个领域、服务于多个对象的多维综合系统。智慧园区的建设绕不开感知网络，实现对园区内人、车、财、物的位置、流向、状态，以及环境参数、生产信息的全面掌握、智能预警和敏捷控制，才能为园区智慧化打下坚实的基础。或者说是通过"感知"系统，在传统园区各单一系统间实现"互联"，并通过多维度的智能分析，运用云计算、物联网和大数据等技术有效整合，使园区基础设施运行更加智能、环保，使园区的运营管理更加规范、高效，使园区为入园用户提供更优质的增值服务和发展条件，图13-7为智慧园区价值呈现图。

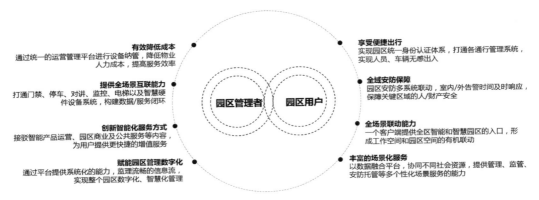

图13-7　智慧园区价值呈现图

多功能智能杆助力智慧园区建设的解决方案是充分发挥多功能智能杆户外数字站点的优势，弥补智慧园区方案中户外信息基础设施的不足，与室内各类基础设施融合，共同打造高效协同的运营管理平台和应用服务平台，构建"多维感知、智能管控、敏捷服务、协同优化"的特色智慧园区整体解决方案。可划分为智慧照明系统、无线WiFi系统、安防监控系统、环境气象监测系统、多媒体信息发布系统、智能充电桩系统和应急报警系统等，各应用系统根据实际需求关联运作。

（3）智慧应急

在城市信息化浪潮和数据科学崛起的共同推动下，近年来各大城市纷纷借力城市感知网络来构建城市智慧应急管理模式，运用人工智能、物联网和5G通信等技术进行数据收集和整合，识别和分析各种城市风险问题并做出智能响应，大力促进城市应急管理能力的提升。

多功能智能杆是遍布城市的"数字站点",有电有网有数据,其突出的设备挂载能力、全面的综合感知能力、及时高效的边缘计算及联动处置能力将助力城市应急管理,从风险监测到分析预警再到联动处置,整个业务链条都能发挥重要的作用。

风险监测方面:通过杆载设备及物联传感器等,将各类与风险监测相关的数据采集并回传平台,如气象、空气、噪声等环境数据,水浸、地震、雷击等自然灾害数据,地点、人流、车流等生活数据,管网、道路、桥梁等城市设施数据,网络、电力等设施状态数据,这些数据将会助力构建全市层面的风险感知立体网络,构筑公共安全、自然灾害、城市生命线工程安全等多应用的风险监测。

分析预警方面:对城市道路隧道内易涝点、河道两岸等进行风险监测,科学设置报警阈值,一旦大于设定阈值,自动启动报警,通过云边协同研判分析,及时生成预警;对人员密集场所的人流量信息等进行集成处理,实时感知人员密集场所运行状态,科学设置报警阈值,通过构建集人流、行为、轨迹、聚集程度等信息于一体的风险分析模型,对可能发生的安全事件进行研判预警。

联动处置方面:利用多功能智能杆搭载LED显示屏、应急广播等设备,以及多功能智能杆独有的边端智能,特定策略下无须后台处理,在断网的情况下仍能保证发布相关预警信息。广播和信息屏的信息发布:如疏散通知、紧急通知、避难通知等;危险地点的警示信息:如水位警示、台风警示等。车行、人行的交通引导:如物资配送、通行指引等。

13.3.3 菜单式解决方案

实际项目中单一的行业场景并不一定可以覆盖所有需求,更多的时候是以一种综合的形式存在,既有智慧交通也有智慧应急,既属于智慧园区又包含智慧应急的内容。笔者从实际案例出发,通过典型的代表案例来呈现菜单式解决方案,各项菜单式服务都可以根据实际需求交叉重组,最终形成功能最适合、成本最优的解决方案。

(1)案例一:万科城—社区治理新典范

深圳万科城社区成立于2009年,辖区范围东至坂澜大道,南临贝尔路,西接梅观高速公路,北至稼先路,是坂田街道环境优美、最具城市风貌、高新产业聚齐、人文荟萃的社区。

万科城社区人口众多,亟须提高智慧化运营管理能力,解决社区管理难题,提升社区治理效率。特别是万科城广场区域,人员聚集区,管理难度更大,很难第一时间发现和处理现场问题。万科城广场的广场舞扰民、人员管控、疫情管理等问题一直困扰社区管理,同时,智慧民众亟需便捷的社区宣传、智慧照明、WiFi等便民服务。

通过在万科城社区新建、改造多功能智能杆及搭载智能化设备,打造万科城广场"5G网格员"值守(图13-8),构建社区5G网络管理体系,实现智慧社区服务覆盖。AI赋能+5G,给每个摄像机配置一名优秀的"5G网格员",通过对人、事、物的精确智能识别,结合大数据分析,有效地帮助社区提高工作效能、同时降低人工成本。

图13-8　万科城"5G网格员"

（图片来源：笔者自绘）

提升管理能力：对万科城文化广场及周边环境进行全景监控。实现广场舞声贝监测，广播联动预警提醒；提升社区对打架斗殴、人员跌倒、人员聚集、不戴口罩、重点人员、人群密度等行为或现象的预警及管理能力。

打造便民服务：实现社区智慧照明管理、环境监测、免费WiFi、社区宣传、积水监测等便民措施，打造智慧化社区典范。共打造11项服务助力社区治理：

1）分贝监测预警服务

通过Mic阵列采集分析环境噪声，有效判定社区广场覆盖区域的分贝值及声源方向。当噪声超过65dB且持续超过5min，广播音柱播放"请注意，当前噪声值超标"提醒人群降低噪声，并将报警信息投到大屏，与此同时调动广场上的球机到相应的预置位并录像。如广播提示后无效，噪声仍旧持续再次超过5min，触发告警通知给社区巡管人员进行现场处理，处理完毕后通过移动端进行反馈，形成闭环。站长可在报警中心查看所有报警事件的处理情况。

2）积水点监测预警服务

小区西高东低、所监控的路段原地理位置为沟谷，所以很容易积水。如果水位到达变电箱的位置，则屋内早已进水。通过在3处不同的高度各挂载1个智能监控终端的方式，实现对水位的分段精确监控。当智能水位监测仪监测到积水水位超过预设警戒水位时，立即进行报警。

通过物联监控终端对液位进行实时监测。支持设置多级报警，当液位达到相应的报警液位则进行报警提示。例如，达到一级液位则进行一级液位报警；达到二级液位则进行二级液位报警；达到三级液位则进行三级液位报警；同时摄像机对监控区域录制视频、推送报警信息到报警中心、工作人员可以查看现场的视频数据。安排现场巡查人员进行处理。处理完毕后通过移动端进行反馈，形成闭环。站长可在报警中心查看所有报警事件的处理情况。

3）打架斗殴预警服务

通过视觉分析技术，自动识别广场打架行为，包括多人打架场景。在社区周边易发生人员口角、打架，甚至恶意约架等行为。若发现不及时或调节不恰当，极易造成人员伤亡、公共财物被损坏。打架行为若单纯依靠人力巡检往往效率较低，且发现不及时。

使用多功能智能杆上挂载的摄像头对打架斗殴行为进行监测，当监测到打架斗殴行为时，摄像机对监控区域录制视频，同时推送报警信息到报警中心，工作人员可以查看现场的视频数据。可安排现场巡查人员到现场进行处理。处理完毕后通过移动端进行反馈，形成闭环。站长可在报警中心查看所有报警事件的处理情况。该算法极大地提升了人员的管控效率，保障了人员的安全。该算法可在软件平台中手动开启或关闭，亦可根据社区需要设置时间计划进行管理。

4）特殊人员预警服务

在社区管理过程中，社区特殊人员预警服务成为一个非常重要的服务。对社区的安全管理工作具有非常积极的意义。基于智能视频分析，完成与后台特殊人员人脸库比对，识别特殊人员身份，推送人员信息至指定管理人员处理，并作后台备案。

从技术上，人脸识别算法是一个"识别""对比""跟踪"的过程，即算法通过摄像头视频流，实时获取监控区域内出现的人员，在人脸库中进行对比匹配对应的人员是否存在名单内。使用多功能智能杆上挂载的摄像头对重点人员进行监测，当监测到重点人员时，摄像机对监控区域录制视频。推送报警信息到报警中心，工作人员可以查看现场的视频数据，确认为重点人员后，拨打110电话进行报警。处理完毕后通过移动端进行反馈，形成闭环。站长可在报警中心查看所有报警事件的处理情况。

5）人员摔倒预警服务

平地摔倒识别算法基于计算机人工智能技术，在广场摄像头场景下，发现有行人从站立、行走、奔跑状态变为卧地状态，触发报警，该算法支持一个画面多人摔倒进行报警，能检测识别视频中行人摔倒。对监控区域的人员跌倒进行监测，当人员跌倒达到一定时间还未起来，主动触发报警提示。

使用多功能智能杆上挂载的摄像头对人员摔倒行为进行监测，当监测到人员跌倒达到一定时间，摄像机对监控区域录制视频，同时推送报警信息到报警中心，工作人员可以查看现场的视频数据，根据情况拨打120电话并安排现场巡查人员去现场进行处理。处理完毕后通过移动端进行反馈，形成闭环。站长可在报警中心查看所有报警事件的处理情况。该算法可在软件平台中手动开启或关闭，亦可根据社区需要设置时间计划进行管理。基于智能视频分析，将操作人员从繁杂而枯燥的"盯屏幕"任务中解脱出来，时刻记录跌倒原因，极大地提升作业区域的管控效率，保障广场人员的生命安全。

6）人流密度统计服务

人流密度检测算法基于计算机人工智能技术，主要用于人流密集的场所人员统计。基于动态视频，利用人头检测模型，对分析区域内所有人员进行检测，实时统计大型活动现场人流密度、变化趋势等，进行数据采集，监控不同区域流量及比例，可根据人流密度阈值的设定，识别到某帧或连续多帧出现人流密度超过阈值的情况，触发报警以实现突发事件预警、现场安全把控等作用。推送报警信息到报警中心，工作人员可以查看现场的视频数据，根据情况安排现场巡查人员进行处理。处理完毕后通过移动端进行反馈，形成闭环。站长可在报警中心查看所有报警事件的处理情况。

7）社区信息发布服务

通过信息发布系统在后端录入信息，在LED屏发布社区宣传、公益广告等内容。同时，通过联动气象监测设备，提供包括温度、湿度、气压、PM2.5/PM10等便民信息。

8）公共广播服务

公共广播功能，多功能智能杆在日常和紧急情况下，可进行市政或灾害预警信息的广播，方便将信息快速传递至周围人群。

9）智慧照明服务

选用LED路灯作为多功能智能杆照明光源，具有光效高、能耗低、使用寿命长、显色性好等优势。通过智慧单灯控制器，结合多功能智能杆平台统一管理，实现监测、调光、运行状态分析报警等功能，可根据广场人员数量、周边环境自动调节灯光亮度，亦可通过时间计划管理照明开关时间，亦可通过手机APP远程调控照明亮度，实现广场区域灯光节能管理。

10）无线网络服务

通过5G微站结合WiFi6设备实现广场无线覆盖，同时缓解公共移动通信需求增加与基站密度不够的矛盾，改善5G信号覆盖及社区上网状况。

（2）案例二：市花路—路缘空间应用新探索

深港合作区路缘空间应用项目位于深圳市深港合作区市花路，总共建设有67根多功能智能杆，根据路缘空间应用场景规划分别集成了显示屏、音柱、摄像头、WiFiAP、5G微站、一体化环境监测站等智能终端，创新性地运用机器视觉AI技术、边缘计算技术、物联网技术和可靠性环网技术，通过边缘智能网关打造了20多个应用场景（图13-9），涉及车、路、人、电多要素，服务城市管理和市民生活的智慧业务。

在交通应用领域：

1）在交通繁忙路段，车辆违停多，查违停依靠人工巡检，存在效率低、响应慢的问题，通过在多功能智能杆配置软件定义摄像头（SDC），基于多目标车辆分析、多场景违停监测关键技术，实现自动识别车牌、自动拍照取证记录，违停消息自动推送，并联动显示

图13-9　路缘空间场景全貌

（图片来源：笔者自绘）

屏和广播对违停车辆进行现场警示，提醒司机驶离违停区域，超时不驶离会将违停信息推送给执法人员处理。

2）针对道路外卖人员电单车多，与机动车混流的问题，通过部署软件定义摄像头，采用自动识别非机动车识别（车身颜色）算法技术，实现对机动车道的监测，发现有人员或者电单车、三轮车闯入后立即进行视频抓拍和警告，同时联动LED屏和广播警示市民注意安全，维护安全、和谐的交通秩序。

3）针对车流量潮汐性明显的特点，交通繁忙时段车流拥堵严重，通过部署软件定义摄像头车辆识别算法，统计车辆通行数量和车牌信息，并进行时间维度数据分析，对交通拥堵进行预测，调整信号灯亮灯控制，提高高峰时段道路通行率。

4）针对路边停车位车辆收费存在的人工查验效率低和收费跑冒滴漏问题，通过视频AI车牌识别、车位识别、无感支付关键技术，对路内泊位的停车车辆自动进行停车计费，并关联车牌进行授权扣费，实现无感支付，提升停车效率。同时，为路内临时停放的新能源车提供临时充电，提升新能源车行驶里程，为市民出行提供方便，支撑国家碳达峰碳中和的大策略落地。

在治安应用领域：

1）对区域周边，通过部署软件定义摄像头，加载智能识别人员算法，实现人脸比对识别，用于人员巡更打卡、人员轨迹定位、老人走失找回、重点人员预警等。

2）对商场门口、行政门口等重点场所治安，通过视频智能人体分析等技术，对重点区域进行人群监测，发现有人群规模聚集后立即进行视频抓拍取证和声光警示，必要时，通知辖区派出所和治安员现场处理，维护良好的治安，防患于未然。

在卫生防控领域：

疫情当前，戴口罩能有效降低疫情传播，通过在多功能智能杆上部署软件定义摄像机，采用口罩识别算法，对人脸口罩进行自动识别，发现有人未戴口罩时进行视频抓拍并联动LED屏和声音广播提醒市民佩戴口罩，市民经过提醒会自觉戴好口罩，为全民防疫做贡献。

在城管应用领域：

1）为提升道路垃圾及时清洁率，通过在软件定义摄像头上部署垃圾识别算法，对道路上的垃圾桶或地面垃圾实时监测，发现垃圾满溢或洒落及时进行视频抓拍，并联动LED屏和广播提醒随手带走垃圾，对垃圾桶满溢情况及时推送到辖区保洁单位进行处理。

2）针对示范路段附近居民区、施工区、商业区毗邻，施工噪声、喇叭噪声等扰民投诉问题，通过部署噪声监测系统，对周边声音进行监测，发现噪声超过标准后自动进行视频抓拍记录，并及时告警推送到管理处或治安管理员，同时联动LED屏发布噪声信息，提供警示服务。

3）针对商业路段人流量的潮汐效应明显，通过部署软件定义摄像头人流量识别算法，统计行人数量，在监测到人流量超过阈值后播放特定宣传内容如党建、防疫等社会价值内容，提升宣传的针对性。

4）人行道停放非机动车会导致盲道被堵、行人面临安全风险，通过视频AI算法识别非机动车，对布控区域内非机动车停放进行监测，并通过LED屏和广播引导市民文明有序停车，保持市容整洁。

在生态环境保护和气象监测领域：

1）通过多功能智能杆集成一体化监测微站，对周边空气污染物进行监测，发现空气质量指数超过标准后同时联动LED屏发布空气质量指数信息，提醒市民注意，相关数据进行污染源分析协助主管部门治理环境污染。

2）一体化监测微站也对气象要素进行监测，监测数据实时上传到气象局平台，同时在LED屏上发布实时气象信息，用于市民出行参考。

在节能减排领域：

1）LED显示屏是多功能智能杆的功耗大户，通过在显示屏上部署亮度传感器，根据日照强度、白天黑夜等不同照度自动调整显示屏的亮度，既节能又可提升市民视觉感官舒适度。

2）通过软件定义摄像头识别区域内的人流和数量，当人流和数量少于阈值一定时间后，显示屏进入节能状态（熄屏），当人数多于预定值一定时间后启动显示屏正常播放，达到智能节能、梯次省电效果。

在公共服务领域：

1）通过集成5G基站对市民提供5G网络服务，提升信号质量和用户5G体验。

2）通过集成WiFi6+基站，对周边市民提供公共WiFi6无线网络服务，支持空口近10G带宽和1K用户大容量接入，打造无线城市。

===== **且行且思** =====

没有最好，只有更好；没有最好，只有最适合。

这两句话非常适合用在产品及解决方案中，产品要随着技术更新与时俱进，要随着需求的变化迭代升级。从整个产业链来说，所处的位置不一样，需求也就不一样，生产制造上满足快速批量化大生产，运输仓储上降低运输成本，施工上要便于安装，安全可靠，运维上扩展便利，检修方便等，当然最重要的还是业务需求，如何实现真正的模块化安装即插即用、如何切入C端市场等。数字化视角就是要融通所有需求，最大化地满足需求。

篇章小结

作为智慧城市新型基础建设设施之一，多功能智能杆是智慧城市感知网络的重要载体，也是夯实城市数字底座的重要节点。

5G加持、多杆合一、数据融通是多功能智能杆的"三大法宝"。通过实现主要市政道路以及重点园区、社区的多功能智能杆建设全覆盖，并将全市统一的智能杆综合管理平台与区、市级物联感知平台关联协同，多功能智能杆能够实现对杆体及挂载设备的监测、分析、设备数据归集及互联互通等集约化管理功能，能够有效探索数据融合应用价值，实现数据共享，织造一张覆盖城市的物联感知网络体系，为打造新型智慧城市的数字底座提供重要支撑。

《深圳市推进新型信息基础设施建设行动计划（2022—2025年）》提出，要推动以多功能智能杆为载体的5G微基站建设，新建5G室外基站1万个，建设5G虚拟专网数100个，同时推动车联网设施规模部署，统筹推进车联网无线通信网络、5G和城市道路管理设施数字化建设和改造。可以预见，5G网络和车联网将成为以多功能智能杆为载体构建感知网络体系的前沿应用。随着深圳纵深推进"双千兆城市"建设，加码5G网络普及和场景应用，多功能智能杆作为其中所有感知采集的重要汇集点和信息发送中枢，也将迎来全新发展机遇。

下一篇，本书将与读者一起展望智慧城市感知网络体系的发展前景，期待更多志同道合的伙伴能够共同参与到此事业的奋斗中来！

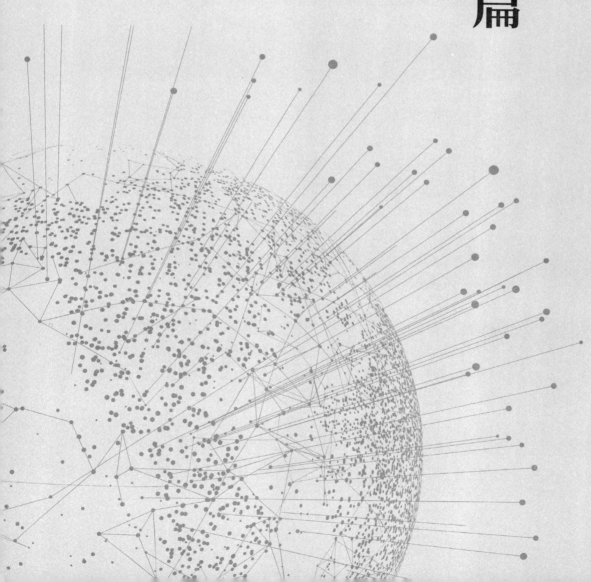

第4篇 ● 展望篇

篇章综述

感知网络作为智慧城市的数字底座，发挥着重大作用，全世界都在积极推进感知网络建设，为智慧城市建设与服务提供支撑。在加快推进智慧城市感知网络发展进程中，存在技术标准、平台建设、方案解决、政策保障等一系列问题，本书以需求为导向，对感知体系的认知与实践过程进行梳理及思考。

本书从智慧城市发展本源出发，引出感知网络体系完整框架；详细解构关键技术，包括感知觉、敏捷网络、数据资产、全要素安全等；阐述依托多功能智能杆的感知网络体系建设的实践方案，并详细讨论标准编制、规划运维、投资模式、各类场景解决方案。本书期望在规划设计方面，为规划设计人员梳理出新型设施规划设计的新方法；为行业主管部门提供智慧城市新型基础设施建设方式与新路径；为产业链相关企业提供更创新、更丰富的解决方案与市场模式。

对从业者来说，未来仍面临诸多的困难与挑战，仍需关注核心技术的突破、阶段性应用需求；仍需探索感知网络如何影响城市规划发展、科学城市治理，如何激发数字经济与社会效益。

根据上文所述，在技术体系方面，感知、网络、数据、安全四个技术体系都有其自身发展和演进的路线，并在各自领域发挥着价值。借助相关工程领域前沿专家对问题的展望与思考，以技术与场景应用为突破点，推动企业、公众、政府形成合力，激发感知网络体系未来更高的价值。

14 展望思考：未来城市感知理念与技术发展

本书基于智慧城市发展到现阶段的需求，梳理面向城市物联感知体系的设施技术、标准、平台及建设的实践过程。但智慧城市是一个复杂的巨系统，涉及的基础设施、各种平台以及各样系统应用，正在随技术的演进、行政管理的打通、标准统一问题的完善，逐步过渡至新型智慧城市阶段。

上文中，针对感知网络体系的技术研究、具体方案的实施已作了详细介绍，向读者阐述了在智能传感器技术、F5G传输方案、网络安全体系及数字站点等方面的发展及优化空间，以及在数字要素安全及核心升级方向上的不足。

针对未来发展方向，对从业者来说，对未来感知系统的展望与思路需要革新，首先，建立系统性、全空间性、多尺度的新方向。其次，对互联互通城乡各行业感知网络系统中的关键技术，需要更进一步攻关，为未来应用发展铺路。

与"智慧感知"相关的课题已出现在近年《全球工程前沿2020》《全球工程前沿2021》中，被列为"工程研究前沿"之一。众多学术专家从各自领域出发，思考了智能感知技术的未来研究方向与进展。

- 城市感知体系如何发展，才能解决智慧城市的高度智能学习、决策问题？
- 从更高的维度思考感知与城市内在可持续发展的联系，如何建立城市"内感知"与"外感知"？
- 从智能空间感知走向空间认知？

14.1 未来智慧城市下感知体系的发展

城市的感知和计算，是服务于城市规划和城市管理的重要信息化手段。2015 SuperMap GIS技术大会中提出了全空间时代的地理信息系统的概念，众多专家学者关注城市多尺度空间、多要素空间，物理城市与虚拟城市的联系，及如何持续、动态地应用城市海量数据和大数据的获取与应用。因此，未来需建立怎样的城市感知体系，能够实现城市智能计算、管理和决策，是首要值得思考的问题。

中国科学院院士龚健雅在中国测绘学会2021学术年会中作了"智慧城市综合感知技术与应用"的报告，并提出："空天地协同的城市多尺度综合感知体系是未来智慧城市建设的核心。"从城市监测到城市感知是一个质的飞跃，难度很大，需要多学科合作，尤其是测绘、地理与信息的合作。

简要来说，构建城市多尺度综合感知体系的内涵包括4个层次：首先要求从系统论的角度思考城市感知问题，从协同论的角度融合空天地多种手段；其次，它是一种互联互通大规模城市监测资源的新技术；再次，它是一种协同多源异构城市感知资源的新方法；最后，它是一种实现城市泛在感知与深度智能的新愿景。在本书团队的研究实践方面，继续探索一张网、一个平台的融合感知网及城市全空间的感知网建设[①]。

14.1.1 技术与网络的融合趋势

宏观方面看，智慧城市集成融合发展、信息物联融合是必然的发展趋势；这也是感知网络系统下各级微观构件的趋势。正如技术篇中对感知设施的分析梳理，智能传感器从传统、零散、游离在主设施边缘的微观器件，到融合型、低功耗型及"功能+应用"的发展方向，融合化的感知器在物联领域的发展有着可预见的革命性的变化，有望成为新一轮革新物联感知体系的"颠覆性"技术。

除感知设施技术融合方向之外，如何在庞大数据采集后，将各行业、各平台等多协议、多接口、多标准构建于共性体系下，可能是未来主要攻克的方向。以此才能通过庞大的数据集群构建起综合感知网，并在各平台深入应用。

14.1.2 空间无缝、时间联系的感知体系

基于空天地集成化的传感网，有望实现前所未有的城市感知能力，其中最有价值的就是多尺度感知能力。多尺度的城市感知意味着从感知手段、内容、精度和时效都是多尺度的，感知手段包括观测平台（卫星、无人机、测量车、行业网、机器人、智能手机），感知范围包括城市群、城市和街区，感知精度以米、分米、厘米为单位，感知时效性包括季度、周、即时。这种由一张网和一个平台支撑的综合感知信息，可实现城市群趋势分析、城市运行状态监测和街区个体行为跟踪。这是基于空天地集成化传感网的城市综合感知相比于传统的城市感知网络最突出的特征和最大的优势。基于空天地集成化传感网的城市多尺度综合感知概念图如图14-1所示。

不同于建筑、交通等工程设计，城市总体规划、详细规划及相关专业专项规划均以较大尺度的地块、街区为单位进行分析，空间分析精度不足，且展现为静态、平面成果，缺乏时间层面对需求的动态分析、缺乏立体空间关系的体现。

以交通设施规划为例，传统规划研究方法在调查方面难度巨大，主要以人为、随机、局部的信息统计数据为依据，以此开展的空间分析精度不足，目前依靠北斗、人工智能等新技术实现全天候、连续、实时的导航定位和测速，并能够进行高精度的时间传递和高精

---

① 龚健雅. 智慧城市综合感知的技术与应用[J]. 数字经济，2021（Z2）：29-30. DOI:10.19609/j.cnki.cn10-1255/f.2021.z2.006.

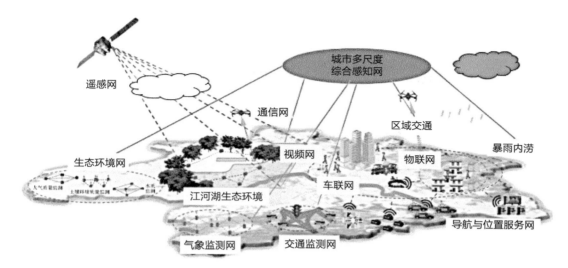

图14-1　基于空天地集成化传感网的城市多尺度综合感知概念图

度的空间定位。因此，有必要建立基于出行时空数据的更加精细化的交通模型研究方法，实现城市交通规划和研究方法的创新[①]。

围绕城市地表要素、人车物和应急场景感知需求，建立多尺度综合感知指标、技术与标准体系，突破无缝、高精度和准实时综合感知关键技术，研制新型时空感知设备与综合感知服务系统，开展城市群至街区尺度的暴雨内涝、区域交通和江河湖生态环境示范，打破行业感知孤岛，提升城市综合感知能力。

另外，未来智慧城市进化下，感知体系亟需攻克的课题还包括统一数据平台及安全数据的建立，为城市乃至城市群发展提供服务。

14.2　城市的感知与认知

14.2.1　内涵："内感知"与"外感知"

在2021年12月30日举行的成都新经济"双千"发布会新基建助力产业"建圈强链"专场活动上，中国工程院院士、城乡规划学家吴志强围绕"新基建顶层设计战略思考"进行了精彩分享。吴院士指出，不管是智能城市还是智慧城市，新时代的基建都应使城市成为一个独立的空间系统，拥有"内感知"和"外感知"的能力。哪座城市的感知能力好，哪座城市的生命力就旺盛，就可以蒸蒸日上、欣欣向荣。

所谓"内感知"就是一座城市对于生命的感知。哪里缺水了？哪里断气了？哪里的粮食供应存在问题？如果无法感知到这些的话，对于城市的损伤会非常大，严重的话会造成

---

① 罗典. 基于出行时空数据的中观交通模型研究及精细化规划方法探讨[J]. 交通世界，2021（19）：11-12.

城市局部甚至是整体的"瘫痪"。

所谓"外感知"就是，城市的新基建应该感知周边更大的自然环境，以及城市之间的交通、人口流动、能源、产业系统等更为复杂的关系。这有关一座城市持续的生命力。

14.2.2 使能：城市空间系统的"内感知"与"外感知"

基于多功能智能杆的感知设施布设要求及解决问题，如表14-1所示。

（1）智慧城市建设运营过程中，感知网络体系的"内感知"解决城市基本问题，发挥的价值和重要作用是使能应用场景，诸如城市交通、城市监控、城市照明、应急预警等。

基于多功能智能杆的感知设施布设要求及解决的问题（举例说明）　　　表14-1

	空间场景	感知设施要求	智慧化应对策略
自然环境城市空间	地质、水利、气象、生态、卫生防疫等	土壤、水温、水压传感器，日照、湿度、降水、辐射、雷电等监测传感器	对现状资源及质量进行监测、评估，根据城市发展建立全新资源系统模型，提高城市环境及资源利用率
市政工程	电力、燃气、给水排水	视频监控、地下管网监测传感器、可燃气体探测器等	建立市政设施在线监测系统，并获取信息数据，建立模拟及决策系统，提高基础设施安全及运营效率
交通运输	交通状况、交通组织管控、安全态势、机动车、电子地图	视频监控、灾害广播、运行状态全息感知（高清卡口等）、V2X事件检测、轨道传感器等	对城市交通系统实时监控，掌握流量、道路等使用情况，建立模拟系统及应急仿真系统，快速解决交通问题及提高交通服务能力
应急管理	自然灾害、市政消防、城市安防	压力传感器、地震器、预警信息发布屏、火灾探测器、消防栓控制传感器、无线信号装置、视频监控（人像、车辆采集）	针对自然灾害等方面建立预警系统，及时响应、决策，提高城市防灾减灾能力
民生	社区物流、安全、智能电网、智能医疗、园林绿化等	视频监控、智能电表、园林绿化监测传感器、街区建筑监测等	通过信息技术手段，为居民生活环境、能源、环保、生活进行全生命周期服务

表格来源：作者自制。

（2）"'外感知'是一个慢性的、长期的过程，需要敏锐地感知更大维度内的变化。对城市'外感知'的关注，才能让城市更加有温度，更加人性化。"——吴志强院士

针对吴院士"外感知"概念的思考，未来值得思考的方向是理解城市空间感知走向人与空间的认知。仅仅用先进的感知技术获取时空数据来解决城市病，可能仅停留在问题表面。比如城市发展规模、结构、布局、人口等方面如何发展才能使人与自然和谐发展。难以从简单大数据挖掘得出结论。

借鉴李德仁院士对"如何用时空大数据挖掘人与自然的复杂关系"问题的思考：在人类活动数据的支持下，为实现人地关系的和谐，人类需要尽可能掌握自然资源的分布状况及其变化规律，并研究其对人类活动响应的机理。尽管各地已经建设并形成"一张图"等体系来进行自然资源及生态环境的宏观把控，但对于自然资源及生态环境的监测及保护问

题，仍需要实现高精定向、高时空分辨率的数字孪生，才能做出科学而及时的反馈[①]。

随着感知、算力、网络及应用平台的融合趋势，边缘侧自循环的演进，构建城市级统一运营、管理的云边协同平台，进一步实现海量数据回传、边缘侧处理及反馈等能力，进而形成具有深度学习能力、迭代进化能力和虚实交融的城市发展格局，实现从空间感知走向空间认知。

14.3 核心技术为未来发展铺路

习近平总书记指出："要加强关键核心技术攻关，牵住自主创新这个'牛鼻子'，把发展数字经济自主权牢牢掌握在自己手中。"[②]目前，我国仍面临着核心技术受制于人的困境，高端芯片、操作系统、工业设计软件等均是我国被"卡脖子"的短板，需要坚定不移走自主创新之路，加大力度解决自主可控问题。

即使就感知网络体系中多功能智能杆的杆体及其挂载而言，已涉及多项工程学科；我们现在面临很多问题和挑战，这些问题有些在研究机构、学校、企业共同实验研究，有些问题甚至在国家层面，需更长的时间去攻克：如芯片的卡脖子问题，信息传输从5G到6G，信息获取（视频感知），无人驾驶等。

首先，以多功能智能杆为主要感知的网络体系技术而言，以集约为导向，基于有线及无线传输网络实现各类微型、集成化的智能传感设施，形成感知网络体系下自演进的人工智能闭环系统，大量省去运维成本及提高效率，并且提升识别样例数据回传的能力，从边缘侧能判断无法识别或是识别有疑虑的样本传回训练端，可以支撑大规模的创新项目持续孵化，进而支撑智慧城市的智能边缘应用有实质的沉淀累积。面向城市智慧的点发展，从点状单一设备到面的突破，核心升级，支撑智慧城市多场景的落地进展。

其次，感知网络体系涉及的信息工程、机械工程、能源、环境等学科方面，在全球专家学者研究前沿论文数据中被列出。这也说明大量相关核心技术亟待突破。中国工程院《全球工程前沿2021》报告中，93个年度工程研究前沿和93个工程开发前沿，可整理出大量与未来智能感知网络体系相关的工程。具体如表14–2、表14–3所示。

再次，任何事物和环境只要需要感知，我们就可以考虑。感知传感技术几乎融入人类社会生活的每个场景中。今后，更需要特别关注的领域是感知网络体系下交叉学科的问题，可能引起一些新的技术变革。试想，通过学科交叉，从不同维度解决了原有理论尚未解释的问题。

---

① Li Deren, Xu Xiaodi, Shao Zhenfeng. 论万物互联时代的地球空间信息学[J/OL]. 测绘学报，2022（1）：1–10. http://kns.cnki.net/kcms/detail/11.2089.P.20211214.1747.004.html.

② 来源：中华人民共和国中央人民政府. 习近平主持中央政治局第三十四次集体学习：把握数字经济发展趋势和规律　推动我国数字经济健康发展[EB/OL]. [2021-10-19]. http://www.gov.cn/xinwen/2021-10-19/content_5643653.htm.

信息与电子工程领域Top10工程研究前沿　　　　表14-2

序号	工程研究前沿	核心论文数	被引频次	篇均被引频次	平均出版年
1	面向智能计算的存算一体技术	41	766	18.68	2019.1
2	光路与电路混合集成芯片	92	6831	74.25	2017.6
3	集成微波光子学	169	13118	77.62	2017.7
4	通用型类脑计算系统	64	5815	90.86	2017.8
5	自主无人系统智能感知与安全控制	43	2049	47.65	2018.0
6	人工智能赋能的系统工程	100	3804	38.04	2018.4
7	量子智能算法	11	1393	126.64	2018.3
8	超快亚微米分辨显微成像	28	341	12.18	2017.5
9	多模态自动机器学习	137	11294	82.44	2018.5
10	智能超表面无线通信	83	6930	83.49	2018.8

表格来源：中国工程院《全球工程前沿2021》。

土木、水利与建筑工程领域Top10工程研究前沿　　　　表14-3

序号	工程研究前沿	核心论文数	被引频次	篇均被引频次	平均出版年
1	跨流域调水的生态环境效应	41	766	18.68	2019.1
2	交通基础设施韧性提升	92	6831	74.25	2017.6
3	低碳长寿命水泥基材料	169	13118	77.62	2017.7
4	碳中和背景下绿色建筑与发展路径	64	5815	90.86	2017.8
5	水源地水质污染控制与修复	43	2049	47.65	2018.0
6	面向智慧可持续城市的时空大数据感知方法	100	3804	38.04	2018.4
7	可恢复功能防震韧性结构体系	11	1393	126.64	2018.3
8	柔性结构的流致振动及减振	28	341	12.18	2017.5
9	地理大数据知识图谱结构	137	11294	82.44	2018.5
10	桥梁结构动力多荷载耦合灾变监测和机理分析	83	6930	83.49	2018.8

表格来源：中国工程院《全球工程前沿2021》。

14.4 "让城市更聪明一些、更智慧一些"

综上所述，全空间感知系统的实现，城市"内感知""外感知"的探究，核心技术的突破，重要目的是让城市虚拟模型与现实环境能越来越聪明，让边缘感知化越来越智能，进而支撑更加智慧应用场景的涌现，让城市更智慧。

习近平总书记深刻指出："运用大数据、云计算、区块链、人工智能等前沿技术推动城市管理手段、管理模式、管理理念创新，从数字化到智能化再到智慧化，让城市更聪明一些、更智慧一些，是推动城市治理体系和治理能力现代化的必由之路，前景广阔。"[1]这一重要要求，为智慧城市建设提供了重要遵循。运用前沿技术，打破政府各部门间的"数据孤岛"，推动智慧城市标准体系建设，助力城市治理体系和治理能力现代化，成为下一步智慧城市建设的重要方向。

（1）依托感知网络体系，城市规划发展的突破

城市规划作为城市高质量发展的先导，与城市的变革、前瞻性发展目标必然无法脱节，因此，城市规划是与智慧城市建设密不可分又深深受其影响的重要环节。

新型智慧城市建设与城市规划体系应同向而行、协调互促、耦合联动。在新型智慧城市建设推进过程中，相应的城市规划体系包括理念、手段、数据获取、流程等方面均应进一步优化变革。

依托泛在的感知设施，采集城市自然环境、市政工程、交通运输、应急管理、地下空间等要素，为城市规划自动采集建立时空轨迹数据，精准校对、处理信息，提供各类设施规划所需的要素。已有的GIS、BIM侧重于展现城市静态空间数据，数字孪生进一步叠加了城市动态信息，解决传统规划手段难以应对的问题，并提供新的思路。

（2）依托感知网络体系，城市数字资源打通

依托感知网络体系，新型智慧城市的资料获取、数据分析、目标定位、支撑体系、空间结构等，已发生了与传统城市规划方法、构架、内容的不同，那么城市规划空间从物理现实同步延伸至虚拟空间。

新的虚拟空间不仅是经济活动的载体，而且具有经济学价值。虚拟空间在产生交易的情况下，商业、工业乃至公共服务设施结构都将受到较大影响。未来，由于信息流动不受时空限制和零时差，传统的城市区位理论和级差地租将一定程度上被打破，从而使生活、生产、服务等突破原先区位的约束，在更加广阔的空间流动和配置[2]。

因此，国土空间规划工作者应在规划地理空间之际考虑虚拟空间的影响，吸纳部分新型智慧城市建设方面的专家参与城市规划的编制、评估监测和调规工作。通过感知体系优化其数据感知手段和流程，提升其软件设计水平，降低运行成本。

（3）依托感知网络体系，城市运行模式重塑

中国城市发展进入从速度扩张到内涵式发展的新阶段，迈向高质量发展和高效能治理是城市现代化的重要议题（图14-2）。城市治理问题的复杂性体现在多方面：

①城市规模及承载力快速增加，人口和企业高度集中，引发城市空间的压力；人口结构的多元化和文化的多样性，加大了超大城市的多样性和复杂性；②超大城市的公共安全和社会秩序风险加大，超大城市及其治理变成了一个复杂的巨系统，这给城市治理带来很

① 习近平总书记在浙江考察时提出。
② 郭若鸿. 新型智慧城市建设演进与城市规划体系变革互动研究[J]. 广西社会科学，2021（7）：144-150.

安全生产　防灾减灾　城乡安全　应急救援　疫情防控　综合支撑

有温度　　　　　　　　　　**智慧应用**　　　　　　　　　　全场景智慧

安全全场景智慧应用

监测预警智能中枢　应急指挥智能中枢　安全宣教智能中枢

应用使能　AI使能　数据使能

可进化　　　　　　　　　　　　　　　　　　　　　　全模态融合

智能中枢
自我进化、可靠可控的安全智能中枢

城市安全运营枢纽

会思考　　　　　　　　　　　　　　　　　　　　　　全网协同

智能连接
5G　万物智联、万智互联的安全全联接　IoT

智能交互

能感知　全场景、全触点、无缝覆盖　　　　　　　　全域感知
城市安全大数据

雷达感知　　　　　　　　　　　　　　　全民感知
卫星感知　航空感知　物联感知　视频感知

图14-2　鹏城"新城建"智能体总体架构
（图片来源：深圳市"新城建"试点工作领导小组办公室. 深圳市：推进CIM平台建设，打造智能体数字底座[J]. 城乡建设，2021（22）：30-33）

大压力；③大城市的集聚效应也意味"城市病"叠加复杂化，如城市无序扩张、人口总量剧增、资源环境承载能力超过极限、交通堵塞、居住拥挤、环境恶化、空气污染、疾病流行、房价高企等。这些问题的解决往往与其他"棘手难题"交织在一起，问题链条变动不居，治理难度也随之增加。

在大变革时代，城市治理生态愈发复杂和多变，不确定性给城市治理带来系列风险。为了降低治理生态的不确定性，就需要借助各种新技术和新工具，城市治理数字化转型是应对不确定性的最佳选择。首先，数字时代与信息社会充满了不可预测性与不确定性。城市治理数字化转型有利于实时、动态、灵活地调整城市治理工具，提升风险应对能力。

新的城市治理理念与流程随着信息技术的发展与公共管理变革共同变化。智慧治理可以理解为综合运用物联感知、人工智能、数字孪生等技术，驱动治理制度变革，使城市治理各领域、各环节和各事务迈向精准化、智能化和高效化。基于智慧感知，治理体系可迅速精准地感知、判断、预测和解决各种城市问题[①]。

---

① 陈水生. 城市治理数字化转型：动因、内涵与路径[J]. 理论与改革，2022（1）：33-46，156.

一方面，数字技术在数据收集、智能感知、计算分析方面展现出前所未有的应用前景，新技术成为实现智慧治理不可或缺的工具。另一方面，智慧治理强调技术组合而产生的技术应用综合效应，更多地将技术应用置于"人—技术—技术"和"技术—技术—技术"能级层面，进而提升治理有效性。①感知数据支撑敏捷治理；②树立韧性治理理念；③完善智慧化、精细化管理模式。

同时，更重要的是，相比电子政务通过技术治理来实现智能化的取向，智慧治理更加强调技术服从于理念、价值等因素的系统治理需要，将技术与理念深度融合，更快更好地满足民之所需，最终落实到为民众创造美好生活上来。城市治理数字化转型要明确城市发展的本质在于服务人的发展，厘清城市治理数字化转型与"以人民为中心"城市工作的紧密关联，将数字化转型作为满足人民对美好生活向往的重要手段。

15 价值愿景：多方协同共创感知网络体系

15.1 智慧城市价值系统

当下智慧城市价值核心离不开协同关系以及共享信息，法国学者皮埃尔·卡蓝默曾讲到新的治理"再也不能忽视了关系，而是应将关系放在制度设计的中心位置"。与其他治理方式相比，协同治理的主体关系结构体现出新的特点：其一，从低水平的合作关系向高水平的协同关系演进；其二，从竞争关系向伙伴关系转变；其三，从组织内部关系向组织间关系扩展；其四，从垂直关系向扁平关系转变。该方式充分把握了信息技术引领的城市管理变革机遇。以现代信息技术为依托，打造"智能城市生态圈"（图15-1），助力城市持续演进提升。在生态圈中，核心是政府、企业、民众三方的高效协同互动，在需求、利益、政策、技术等不同方面的协同下不断促进基础、产业、民生、环境、治理等一系列"需求"的更新。在城市合伙人机制下，空间规划的编制与实施串联供给侧和需求侧，通过理论迭代、技术迭代、服务迭代、人才迭代保持良好的响应能力，将城市发展的战略、技术、资

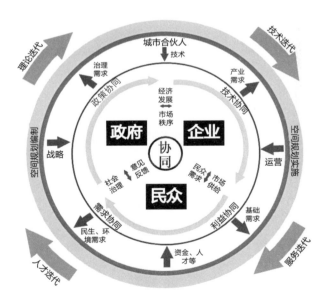

图15-1 智慧城市协同生态模型

（图片来源：王伟，朱小川. 信息革命与智慧城市规划[M].
北京：中国建筑工业出版社，2021：359）

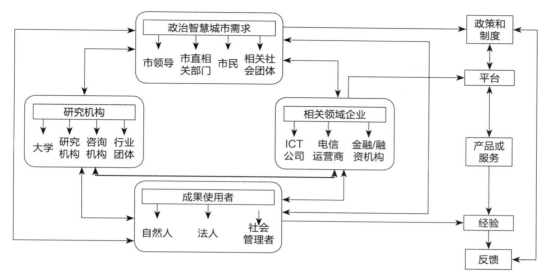

图15-2　智慧城市建设价值创造模式

（图片来源：楚金华.基于利益相关者视角的智慧城市建设价值创造模式研究[J]. 当代经济管理，2017，39（6）：55-63. DOI：10.13253/j.cnki.ddjjgl.2017.06.010）

金、服务等"关键工具"在供给侧有序组织，为城市提供"360°""全方位"的智能服务。从而将传统城市简单的"需求—供给"的单次交易关系转变为"需求—赋能—运营—迭代—新需求"的生命力进化[①]。

　　整个智慧城市建设就是一个大的价值系统，每个具体业务领域是价值模块，在服务业务链上各节点的参与下实现价值增值。图15-2根据智慧城市的核心要素和主要利益相关者，将各价值增长点分为四大类，分别是政府、企业、使用者和研究机构，构成智慧城市价值创造的5P模型，体现在政府、市场企业、民生公众服务[②]。

　　在智慧城市感知网络体系中，感知终端和边缘的价值体现在实时产生及交互城市中人和物的数据；感知网络的价值往往也隐藏于地下、楼宇间，实现城市的高速网络运转，实现虚拟"孪生城市"与物理城市间的数据交互；感知平台亦是智能城市中枢的"隐形"驱动力，结合AI算力及算法更加精准地支撑和实现各专业领域的业务创新与决策。

　　智慧感知应用是感知网络体系最明显的价值表现，与上述谈到的"政府、市场企业、民生公众服务"相对应，在对城市"人""车""事""物"更加全面及实时地感知基础上，结合交通、政务、应急、城管、环境、自然资源等行业场景诉求，为智慧城市的"政府、市场企业、民生公众服务"实现智慧。

① 王伟. 朱小川. 信息革命与智慧城市规划[M]. 北京：中国建筑工业出版社，2021：359.
② 楚金华. 基于利益相关者视角的智慧城市建设价值创造模式研究[J]. 当代经济管理，2017，39（6）：55-63. DOI:10.13253/ j.cnki.ddjjgl.2017.06.010.

15.2 智慧城市共同愿景

15.2.1 政府：管理决策者

政府部门是智慧城市建设的基础，在智慧城市建设中起到核心作用，他们负责城市日常管理，是智慧城市建设的主要推动者。政府部门倡导智慧城市建设的主要动机源于日益增长的市民对公共服务需求的压力，推行政务公开的需要和建设法治政府、服务型政府和阳光政府的需要，旨在运用ICT等提高经济和能源效率、提升环境可持续性、政策和决策透明性、公共服务均等性和城市宜居性等。在智慧城市建设过程中，政府有责任从长远规划和目前亟须相结合角度选择符合当地的智慧城市建设模式和路径。智慧城市没有可供选择的统一模式，每个城市应根据自身的资源禀赋、城市经济和人口结构、公共设施基础和所处位置进行一个关于智慧城市建设的需求分析，从可持续发展和城市整体发展角度选择适合当地的智慧城市建设模型。当然，政府在智慧城市建设过程中也面临诸多问题，例如缺少智慧城市相关专业人才、ICT专业能力不足、部门之间横向壁垒过多和财政预算有限等，另外，帮助政府管理者判断决策选择经济及社会效益最优的项目和实施路径。

15.2.2 公众：民生服务

首先，市民是智慧城市感知网络体系建设成果的最终使用者，是一座城市成功转型成智慧城市的关键因素，因此市民知悉智慧感知网络各应用项目的特征及功能十分重要，如果市民对智慧城市不了解、不参与、不使用，智慧感知网络建设注定困难，这也是我国目前智慧城市建设的总体通病。其次，市民是作为智慧城市建设的主要数据源和传感器，国内外很多智慧城市建设案例已经这么做了，例如智慧交通、百度导航等。最后，市民参与是智慧城市实现以市民为中心建设效果的关键因素。智慧城市建设中虽然ICT能够解决数据采集、传输、处理、运用及用于决策等系列问题，但是智慧城市的最终成果必须面向市民，只有市民才是最终使用者，如果市民不使用智慧感知数据成果，那么智慧感知网络就会变成形象工程。在智慧感知网络建设中，一定要时刻围绕市民是城市服务的最终使用者，市民是智慧感知网络建设的直接受益者，同时也是智慧感知网络建设的影响和受影响者。

之所以强调大众参与，首先，人民大众是城市的主人，大众参与才能体现主客关系的正常，避免主客关系本末倒置；其次，广泛的大众参与有利于生成巨量有价值的数据资本，而数据资本是新型智慧城市建设的基石；最后，广泛的大众参与有利于达成共识。大众参与有助于实现新型智慧城市建设与城市规划体系的良性互动。

15.2.3 企业：产业驱动

面向企业，主要是指电信运营商、软件开发商、方案集成商和设备供应商等，他们是全球智慧城市综合解决方案供应商、平台开发者和基础设施铺设及设备制造者，同时他们还是智慧城市的主要推动者之一。作为专业公司，他们参与推动智慧城市建设不仅能为公司开辟新的业务和市场，同时还能弥补政府部门的专业知识不足，在推动技术创新和商业模式创新上也起到了一定的积极作用。然而他们在参与智慧城市建设时也表现出了不少问题，例如很多企业表面上都在以 PPP 模式开展智慧城市建设，但是实际上他们还是以 ISV（独立软件销售商）的思路在开展工作；还有就是每家公司都有自己的技术模式和接口程序，不仅给系统对接带来了二次开发成本，同时还增加了没必要的协调困难，因此有必要组织主流 ICT 公司开发同一业务领域内的统一接口程序。

16 继往开来：呼吁同路人，激发产业新业态

在智慧城市2.0阶段，由于物联网、云计算等技术发展迅速，是感知网络快速发展阶段，感知网络实现了多业务类型互通、数据融合共享等应用，多功能智能杆作为感知网络最典型的基础设施，目前尚处于建设初期，规模不大，行业涉及领域宽广，商业模式尚未定型，仍需有待进一步进行标准制定、产品开发。且在很多城市的应用不广泛，公众和应用部门对于这一技术及应用的认知相对滞后。

本书通过四个篇章"缘起篇""技术篇""实践篇""展望篇"，从智慧城市宏观出发，对感知网络体系框架、多功能智能杆技术、平台管理及安全等全方面深入探讨，以政府、企业、社会的感知实现互通互惠为目标，浅谈智能时代的新型系统模式，希望对感知网络体系发展提供一些有意义的参考做法。

16.1 一致共识：分工与合作

16.1.1 政府引领

随着智慧城市发展建设，政府部门不仅是智慧城市感知数据的管理者，更是产生者、使用者。政府作为建设引领者和促进者，能够有效为居民、企业提供公共服务，并成为城市和社会的媒介。在建设感知网络体系，其作用是独一无二、不可或缺的，并且还是建设和运作智慧城市庞杂系统工程的行政主体。主要从以下几个部分，浅谈长期发展中政府的推动方式。

（1）协同规划

首先从政府规划部门出发，提出更高视野、更全思考的顶层设计，通过规划和城市资源整合，构建出智慧城市感知网络体系发展的总体架构。如北京市政府于2021年3月，召开智慧城市建设工作调度会，在全国范围内率先研究部署下阶段重点任务，并发布了《北京新型智慧城市感知体系建设指导意见》。一方面提高感知体系的全面认识；另一方面顾及建设落实具体方面；并且下一步有助于出台相应优惠措施，通过政策的支持力度，促进感知网络体系快速落地。为北京建设成为全球新型智慧城市标杆城市提供支撑。北京市"十四五"数字规划要求，统筹规范的城市感知网络体系基本建成，城市数字新底座稳固夯实，整体数据治理能力大幅提升，全域场景应用智慧化水平大幅跃升。

作为中国特色社会主义先行示范区的深圳市，通过践行"构建统一运营、统一维护的

统筹机制"的具体举措，推动智慧感知网络体系全周期建设。自2019年9月，深圳市政府印发《深圳市关于率先实现5G基础设施全覆盖及促进5G产业高质量发展的若干措施》（深府〔2019〕52号），从统筹多功能智能杆规划建设出发，提出由市基础设施投资平台公司作为运营主体负责全市多功能智能杆及配套资源的统一运营、统一维护。2021年2月，深圳市政府印发全国首个多功能智能杆管理办法《深圳市多功能智能杆基础设施管理办法》，搭建了明晰的全流程管理链条，填补了政策空白。之后，深圳市拟进一步制定《多功能智能杆基础设施建设和管理细则》，明确工程上具体的操作规程。2021年6月，深圳市人民政府发布《深圳市国民经济和社会发展第十四个五年规划和二〇三五年远景目标纲要》，明确提出布局城市融合感知体系。实施智慧感知设施建设工程，在重点行业和领域规模化部署低成本、低功耗、高精度、高可靠的智能化传感器。构建泛在互联智能感知网络，打造覆盖全城的物联感知数字化标识体系。建设一体化物联感知平台，实现跨领域、跨层级的全域感知。

（2）精细化管理

城市的资源是极为有限的，在长期复杂的智慧城市各系统建设中，能够科学利用城市资源，减少资源浪费，需建设管理部门发挥合理配置、精细化管理的能力。同时，需合理利用政府各部门与企业、民众的数据信息，实现数据打通、信息融合。依靠感知系统，利用感知数据，做好资源配置，加以引导，实现城市治理有序、长效、精细。

（3）监督运行

智慧感知网络涉及交通、能源、环境等多个行业及部门，难免会产生行业发展有快慢、行动有先后的后果。且建设模式多样化，有政府出资、企业承建，有政府和企业共同出资建设，还有企业出资、政府购买等模式。如智慧交通、智慧网联、智慧能源、智慧医疗等，各领域和环节的发展模式与进展各不相同，相应管理部门需规范行业监督职能，科学运行与发展，避免资源浪费，重视行业应用产生的实际效益。

16.1.2 企业共赢

智慧城市规划建设路径通常有两种：一是完全由政府主导和设计；二是市场需求、企业自营。单独采用某一种路径都是片面的，不利于智慧城市可持续发展。因此，政府、企业、社会共同参与、共同投资智慧城市，对形成稳定的生态系统有所帮助。同时，离不开同行业各企业对标准、规则的探索，科学、高效地形成一套通过长期的市场过程自发产生的合作标准和交易规则，意味着社会组织运行效率的极大提升。它本应拥有广阔的盈利空间，而现实中其成本却远大于看得见的产出。

例如，南方某市在推动高速公路5G全覆盖的建设实践中，采取公路企业与多功能建设企业共同合作，协作承接市域高速公路多功能智能杆建设项目，解决传统两方面企业建设

图16-1   南方某市高速公路多功能智能杆建设图
（图片来源：笔者自摄）

困难的局面，突破常因"施工难、维护难、取电难"导致高速公路通信网络不畅困局。同时拓宽了配套供电、通信管道及边缘计算空间，为高速公路与信息基础设施产业的融合发展打造起新空间，为双方企业同时节约成本和增效。图16-1为南方某市高速公路多功能智能杆建设图。

16.1.3 社会参与

需更加明确的是，智慧城市核心是落实以人为中心的发展理念，政府作为智慧城市建设的行政主导力量，受限于部门行业分割的局限性，构建的智慧应用往往不成体系。信息企业作为智慧城市建设的技术核心力量，智慧应用的选择受到其趋利性的影响，加剧了社会的不公。尽管各智慧建设侧重点不同，但以人为本的理念应贯彻始终，智慧城市建设中政府应做好组织和引导，各专家重点对各类智慧应用方案进行论证，公众则通过各种渠道获取方案并反馈意见，智慧公共服务建设，应更多地听取公众意见，避免过度依赖政府的非理性判断，并在城市建设发展过程中及时根据公众需求动态调整，实现公共资源的全民共享。

在专业性较强的智慧感知体系建设公众参与这个问题上，一味地进行技术研发、增加技术投入，虽然在技术方面有一定的突破，但是如果想要提升公众参与度，提升公众对感知设施的认同感，还要重点从社会层面进行投入。公众平台建设要及时对接企业与公众的信息对称性，建立相应的法律法规，从而提高公众参与应用的积极性；政府和企业共同努力建设一个良好的互联网线上公众参与环境，为公众参与提供充分的条件。推动智能感知软硬件应用的开放，让公众的使用及参与形成新型的数据公共服务体系。参考某省智慧水务建设公众参与模型，如图16-2所示。

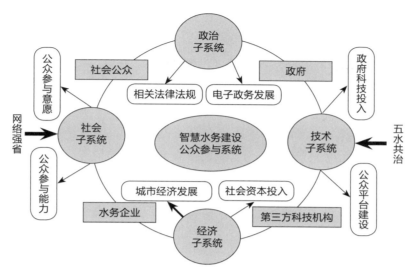

图16-2　某省智慧水务建设公众参与理论模型

（图片来源：王梦琳. 智慧水务系统中的公众参与式管理及其影响因素研究
[D]. 杭州：杭州电子科技大学，2018）

16.2 共同行动：行动计划

16.2.1 标准示范

智慧感知不再是传统的传感器的合集，但系统的智慧感知网络尚未开展标准体系的建设工作，深圳等一线城市主要在多功能智能杆的标准及联盟进行探索。建立一个行业统一的标准，在设备生产设计的初期就将接口设计统一起来，设备接口也要多功能化，能处理不同的信息。彻底打通"数据壁垒"还需制定感知数据标准、产品标准、接口标准、数据共享标准等，乃至建立国际标准，高标准推动智能感知体系落地。

16.2.2 统筹规划

新城建、新基建——城市高质量发展是国家中长期发展规划重点任务，但面广、路线长、技术发展快，使得规划发展缺乏衔接、落地难。基于多功能智能杆的应用及需求的方向，顺应高价值点位、城市用地功能及建设开发时序，沿着政府基于公共治理和服务需要的市政基础设施投资以及高经济发展或市场需求区域两条路径并行，如智能网联、智慧安防、信息通信、智慧市政等主要行业。另外，从智能感知体系顶层设计出发，开展系统规划、中长期专项规划、建设计划到落地实施，还要统筹考虑涉及的金融、产业配套及产业发展的部署。

16.2.3 政策保障

正如全球智慧城市的发展，依托政策自上而下、企业社会自下而上地推动，智慧感知政策需从战略层面下沉至应用、产品层面，还需依靠感知体系中成果的创新、产业联盟的带动、出台设施管理办法才能灵活带动产业发展（包括支持传感器、芯片、边缘计算研发，融合各行业），快速成为数字经济发展的基础，加速渗透到工业、医疗、交通等行业。

经过十多年的智慧城市建设，智慧城市的历程、思路、侧重点在实践中不断优化，信息技术重塑城市的生产和生活形态，创新城市治理的方式，这些进程从未停止。因此，智慧城市通过推进技术创新、流程重塑和信息共享，实现城市运行效率提升、居民体验极大改善，未来的智慧城市的发展仍然具有广阔的想象空间。通过同行业的共同推进，让全社会共同参与城市创新，真正让智慧城市更加有序推进、可持续发展。

16.2.4 产业联盟

为加快感知网络体系及其相关产业发展，促进信息、生态、交通、工业等各领域的沟通交流、深度融合，有必要在主管部门的指导下，由感知设施统一建设运营方牵头，联合上中下游各企业单位、各领域产学研用相关单位，共同组成感知网联产业联盟，打造感知系统产业生态，旨在以融合、创新、共赢为理念，组织会员单位，覆盖从规划设计、技术标准、解决方案、网络、平台、安全、产业发展、政策法规、投融资模式乃至国际合作等方面，形成产业工时，推动产业发展。基于产业联盟的影响力及合作模式，组织有影响力峰会等活动，宣传感知网络体系、融合感知网络产业、提升感知系统标准影响力。

依托产业联盟供应企业及单位实践经验，进一步结合新技术与应用，探索开展联盟基地、实验室及孵化基地等建设。借助智慧城市2.0建设，扩展感知网络体系的建设，为各产业、企业、研究机构的不同层面工作提供指导。

附录

业界看法——依托多功能智能杆构建智慧城市感知网络体系

2021年12月29日～2022年1月22日，笔者利用某行业用户互动交流平台发起了"谈谈如何依托多功能智能杆构建智慧城市感知网络体系"的有奖探讨，历时25天，获得21省72家公司107人的积极参与，共收回有效样本107条，获取了来自城市规划及建设单位、行业集成商、解决方案供应商以及最终参与者等不同群体对"城市感知网络体系"的理解、看法及建议。

Q1：请展望在未来智慧城市建设运营过程中，依托多功能智能杆构建的感知网络体系可发挥的价值和重要作用？

1．调研结果及主流观点

46%的参与者认为智慧城市建设运营过程中，依托多功能智能杆构建的感知网络体系可发挥的价值和重要作用是使能应用场景，各应用场景占比如图1所示。在使能应用细分场景中，参与者认为TOP5细分场景为城市交通、城市监控、城市照明、应急预警、疫情防控，如图2所示。

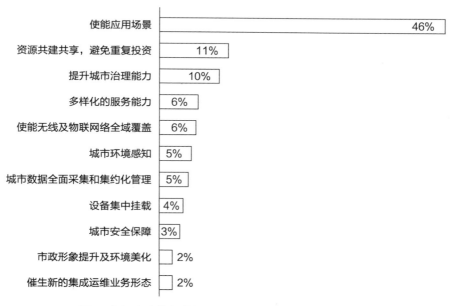

图1　依托多功能智能杆构建的感知网络体系应用场景图

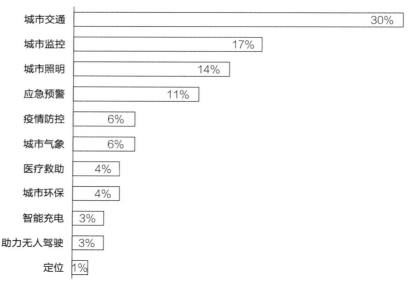

图2　使能应用细分场景占比分布图

2．感知网络体系价值和重要作用的观点摘录

参与者一：我认为在智慧城市建设运营中，多功能杆构建的是城市无处不在的毛细血管，是具有生命力的城市末梢触角，是支撑城市管理"全景感知、快速反应、科学决策"的最后一公里。智慧城市感知网络体系是万物互联时代的超级物联网，需要结合终端特点综合采用有线通信、无线通信和标识识别技术，网络设备和感知终端分布在城市每个角落，是一个无处不在的网络。多功能智能杆网络如血管和神经一样深入城市的公路、街道和园区，对人口密集处有良好的渗透，并且布局均匀，密度适宜，可以提供分布广、位置优、低成本的站址资源和终端载体，是5G和物联网实现大规模深度覆盖的首选方案。但是，也要清晰地认识到，毛细血管不是主动脉，无法替代主动脉。在智慧城市感知体系建设中，让多功能智能杆发挥价值和作用，首先要做好智慧城市感知体系整体规划建设，主动脉、从动脉、毛细血管到周边神经，需要做好周密的规划，只有动脉畅通，毛细血管和周边神经才能发挥应有的作用。才能实现智慧城市感知网络的服务目标。

参与者二：①城市交通场景：依托多功智能杆构建的感知网络体系，是城市智慧交通的基础，通过建设全息路口、智慧公路等交通指挥场景，缓解城市交通拥堵、提高城市交通安全；②城市监控场景：视频监控一体机是平安城市的触点，也是城市应急的眼睛，依托城市应急统一智慧方案，实现知情快、看得清、反馈快；③城市环保场景：构建城市环保物联感知网络，实现城市空气、噪声、降水等环境指标24h实时采集回传，为城市环境治理决策提供有效的数据依据；④城市气象场景：构建城市气象感知网络，实现城市降雨、湿度、风力等气象指标24h实时采集回传，为城市气象预报和气象观测提供有效的数据依据；⑤城市综合场景：如通过太阳能储能转化为夜间照明，实现环保、应急等多功能综合性城市解决方案，为其他应用场景提供电力支持。

参与者三：①随着城市化进程不断加快，城市路灯管理问题成为关键，加强和管控城市问题是一项十分重要的工作，智慧路灯对推进城市化、美化城市、解决居民城市出行有着重要意义。②多功能智能杆感知网络体系能给政府带来什么：智慧路灯将"单一物联"升级为"万物物联时代"，打造数字民生、数字产业。多功能智慧路灯作为网络通信节点，助力打造多媒体信息网络、城市基础信息系统、整合分析城市运行核心系统的各项关键数据，从而为民生、环保、公共安全以及工商业活动在内的各项需求提供大数据支撑，引导政府实现从管制到治理的转型升级。

参与者四：多功能智能杆构建的感知网络体系的应用是各种各样的，可分为三类：一是提高城市的运行效率；二是方便人们在城市中的生活；三是提高城市安全和抗风险能力。

参与者五：依托多功能智能杆构建的感知网络体系，主要作用有四方面：一是建成城市感知终端"一套台账"，实现感知终端的统筹管理和规范建设；二是实现城市感知网络的互联互通，打通感知数据的流转通道；三是推动感知数据标准体系建设，实现感知数据汇集汇通和共享应用；四是强化感知数据的人工智能分析，实现感知数据的智慧应用。

参与者六：①节省大量的建设资金，我们目前的多功能智能杆建设成本很高，引电、建设光缆、传输接入成本非常高，尤其是立杆需要的行政审批也非常困难，而如果建设成多功能杆，将各个需求单位的物理设备按照既定的方案组合在一起，上面所述的成本都可以进行分摊，节省了大笔的费用；②多功能智能杆实现互取所需，多功能杆可以通过多功能插电、地理位置优越、价格优惠（分摊）等方式吸引不同商家进驻，实现"抱团取暖"；③极大地降低了维护成本，多功能智能杆将多种产品集中在一起，到时候一定会成立一个统一的维护单位进行统一维护，这种维护就是纯硬件的维护，成本很低；④这种多功能智能杆汇总的数据源可以统一云网络接入、统一取电、统一管理、统一数据共享、统一场景关联，更容易实现大数据，尤其是多功能智能杆分布最广，数据源搭载最多，一旦感知网络建设成功，那么就是一个重要的推手，极大地促进智慧城市的建设进度。

参与者七：目前多功能智能杆可以集成路灯、5G、公安监控、交管监控、流量采集雷达、环境探测、交通信号采集、车路协同等设备，实现：①路灯智能控制；②通过5G信号收集和传输，分析人流空间分布和规模，为交通疏堵提供依据；③对行人进行信息采集和追踪，更好地进行治安管控；④实现交通非现场执法，提高执法效率；⑤通过对交通信息采集，实现区域信号自适应控制，减少拥堵，提高交通效率；⑥通过车路协同设备，实现自动驾驶功能；⑦通过环境检测设备，探测大气污染情况，为环境治理提供依据。

参与者八：①定位价值和作用，展望未来，智能杆必然具备定位、网络编号和IP功能，实现相互验证高度、位置信息组建3D立体网络，有商业价值和意义，快速精准3D立体定位儿童位置等；②给电动车、电动汽车充电功能，有商业价值，且方便；③监控、分析路况、导航、智能避开拥挤道路；④采集影像，帮助警方破案；⑤交通精准化，不再有交通信号灯盲点，任何地方都能通过智能信号灯，提醒行人车辆是否适合通过道路；⑥光伏发电，多功能智能杆结合太阳能板进行光伏发电；⑦自动物联网控物，远程操作各类设备等，如火灾实现远程控制附近灭火器自动打开等；⑧3D组网后空中交通、飞行快递、物流则可以实现。

Q2：对于一个运行良好的智慧城市，如何预测感知设备的需求规模，有哪些好的方法？

1. 调研结果及主流观点

如何预测感知设备的需求规模？参与者提供了两方面建议，一是从宏观设计及要素入手，二是从具体需求及现状入手。

从宏观数据及要素入手：主要参考市政规划、历史数据、城市发展规划及节奏、城市网络覆盖等。

从城市关键要素入手，如：人流密度、车流量及密度、道路分布、网络与数据热点模型等，基于数据进行建模分析预测。

从具体需求及现状入手：主管部门/行业应用需求，如：交通、城建、城管、电力、水利、应急等，以及城市公共管理/服务/治理、社区管理等。

存量空间点位，存量物联感知规模参考等。

预测需求规模时，参与者认为可基于基础数据初定规模，分批分区建设实施，逐步调整适配，为城市发展预留空间；也可自建分析预测模型或通过第三方机构/公司进行辅助调研分析。对于具体方式方法运用方面，推荐排序TOP5的为人流密度、主管部门需求、市政规划、行业应用需求、城市覆盖等，各推荐排序详情如图3所示。

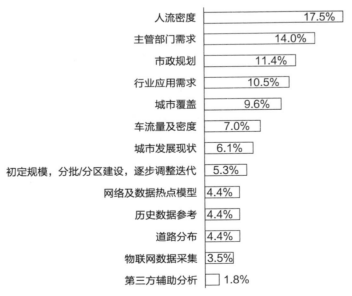

图3　感知设备需求规模预测方式方法

2. 感知设备需求规模预测方法与建议的观点摘录

参与者一：从城市建设与管理的实践来看需要应对很多挑战，一是多样性、复杂性：不同的城市管理业务要求在道路的不同位置设置不同的设施，同样类型的设施在不同道路位置的立杆上设置要求不同等；二是不确定性、动态特性：主要表现为时间上的不确定性，在社会的不同发展阶段，杆上设施的搭载需求是动态的、变化的，管理需求甚至技术标准的变化均会对搭载需求产生影响；三是多源性、多条线性：主要表现为杆上搭载设施来自不同的单位和企业，即使城市管理者的搭载需求也是出自不同部门和条线。因此，建议通过多功能智能杆模块化、可拓展性的设计、合理的空间布局、适当的荷载预留，最大限度满足需求多样性的要求，包括远期发展需求，提供全过程全方位服务。

参与者二：一个运行良好的智慧城市，在预测感知设备的需求规模中，可以从以下四个方向来评估：人流——人流动规模；物流——物体流动估摸，如车流；信息流——区域内需要感知采集的信息流，如视频流、环境感知数据流；能源流——区域内基于源网荷储的能源流规模；空间点位——根据楼宇内外、园区内外、交通采集点等的布置，实现全点位、全视角覆盖。

参与者三：主要可以结合三方面数据，一是结合超大城市、特大城市、大城市、中等城市、中小城市中已建设的各类型物联网感知设施规模；二是结合道路、桥梁、公园等各类场景中物联感知设施"应配置""宜配置""可选配置""不宜配置"的建设原则，以及单位长度或单位面积的设备需求数量；三是结合各类城市道路长度、桥梁数量、停车场数量、学校面积、公园出入口数量、景区面积、出入口数量等数据，通过以上三类数据，测算全场景下各类型城市的物联感知设施规模量级。

参与者四：可通过几个方面预测感知设备的需求规模：①历史数据参考，综合分析前几年时间切片段感知设备的负载率，按照平均时间段的负载率递增未来几年的新增量；②数据统计分析纬度，利用专业统计软件，结合数学正态分布模型预测未来良好发展的需求规模，预测稳定量；③结合智慧城市运维数据，纵观运维感知设备故障数量较多的区域，也能够侧面证明此区域需求量的增长。

参与者五：预测需求规模，主要根据以下几点来考虑：①感知设备的种类，不同感知种类的布放密度和需求度是不同的，比如温湿度类环境监测的，可以按照市政环境部门的需求尽可能稀疏布放；比如安防感知类，就应该结合基础需求、交通违法监测、公共安全监测、小区内部安防监测等多方需求最大密度布放；②感知设备本身的体积和安放复杂度，比如这些感知设备是否需要供电，是否体型超大、超重，数据回传所需的网络类型和网络硬件；③营利性感知设备，可根据潜在客户的需求进行估算，比如为运营商提供5G基站以及安防，为广告需求方提供电子广告牌，为快捷充电提供标准充电模块等。

参与者六：根据梳理出感知载体情况，补足基础能力短板，实现感知载体通电通网，预留感知设施部署空间，保障感知设备搭载能力。基于"全市时空一张图"，通过市级感知管理服务平台向全市发布感知设备载体节点服务目录，明确感知载体的位置、网络端口情况、预留感知设备搭载空间情况等。

Q3：多功能智能杆高价值点位布局要素有哪些，请列举若干。

1．调研结果及主流观点

参与者针对多功能智能杆高价值点位布局的要素给出了十项建议，建议推荐比例如图4所示，其中TOP5要素如下所示，推荐总占比达89%。

- 商业中心区、交通要道、居民区等城市热点区域；
- 路口、高价值路段、枢纽等交通流量密集区；
- 结合业务场景细化考虑，如车联网、信息查询、充电、共享设备接入等；
- 网络合理覆盖；
- 配套设施、资源、空间协同。

2．高价值点位布局要素的精彩观点摘录

参与者一：多功能智能杆高价值场景主要包括高速路/快速路、主干道/次干道、桥梁、停车场、学校、公园、商业步行街和景区等区域。主要考虑因素有两点，一是高增量的市场需求，比如，据统计，城市高速路、快速路部署数量将达到500m/个，城市主干道、次干道部署数量将达到200m/个，停车场部署数量将至少达到4个/场，市场需求量逐年增加，所以城市高速快速路、主干道、次干道将成为多功能智能杆的重要布局点。二是地方政策支持，比如上海提出一网统管、成都提出公园城市，政府更加关注市民体验，所以学校、公园、商业步行街和景区等区域，将成为多功能智能杆的重要布局点。

参与者二：基于多功能杆的应用方向，其高价值点位也自然顺着政府基于公共治理和服务需要的市政基础设施投资以及高经济发展或市场需求区域两个主线去考虑，例如大概按价值高低水平可考虑：①智慧停车、智慧交通及未来的智能网联汽车所需的道路杆件点

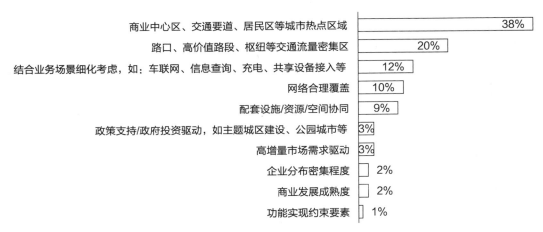

图4　多功能智能杆高价值点位布局要素建议比例图

位；②通信基站或设备优先部署区域；③安防、应急、广播设备点位；④环境传感器、信息屏等城市公共服务设施点位；⑤广告屏或其他户外媒体广告设施安装点位。

参与者三：①人流密集的商业区、步行街等，在这里多功能智能杆可以为更多的人提供服务（路灯、无线网络、WiFi、公共安全等），更能体现价值；②车流密集的主干道，多功能智能杆可以为更多的司机和乘客服务，可以通过传感网络感知交通事故或拥堵情况发生，第一时间通知交通部门，减少主干道拥堵情况发生；③居民区，可以为居民提供移动信号、照明等服务，也可以利用传感器感知居民区的环境，如发生燃气泄漏等能及时通知相关部门处理，避免事故发生，也可以通过传感器感知空气质量等，争取让居民始终生活在空气质量好的环境中。

参与者四：多功能智能杆的布局点位要素，①部署区域属于人流密集的公共区域；②部署区域取电和网络引入较为方便；③部署区域为结合各个诉求单位集中焦距区域优先布局。

参与者五：高价值点一，取电、网络管道回传性价比高的点位；高价值点二，智慧城市投诉频发区域，遗留疑难民生问题区域点位；高价值点三，取电困难、网络回传困难的荒凉区域，大面积内的零星点位；高价值点四，原有智能杆故障率频发、维修次数较多区域。

参与者六：①在恰当的位置通过LED屏幕展示恰当的内容，比如说在一个多功能智能杆的LED屏幕上显示当前公交车还差多长时间到达，当前的气温是多少，附近交通的拥堵情况以及其他一些便民信息，这个非常重要，贴近百姓就会引起广告商的投资，有了投资就会做得更加精致，实现良性循环；②数据统一接入，实现共享，这个最重要，多功能智能杆要突出两点：第一是多功能；第二是智能，那么多功能就代表着未来实现更多的便民实践，比如说无线充电、无线扫码交费等，智能涉及的层面就更多了，数据接入统一的云平台，实现立体化全方位地分析，环境、交通监测的数据（比如山体塌方、井盖损毁）传送提示给附近的行人手机；③各行业接入多功能智能杆形成一个网络拓扑图，相关行业可以根据这个拓扑图进行行业优化，资源挖潜。

Q4：如何降低感知网络体系建设成本，请列举1~3种您所知道的方式。

1. 调研结果及主流观点

参与者认为，可以通过宏观统筹、共建共享、统一标准、模块化、对原有杆体升级改造、设备升级、网络优化与应用新技术、提供增值服务以及人员提效降本等多种方式降低感知网络体系的建设成本：

• 宏观统筹。科学规划、合理布局、考虑未来增量需求，避免重复建设和多次道路开挖。

• 共建共享。政府统筹，与运营商或电力公司合作建站，共享电力、网络、物联等基础设施。

- 标准统一。设备、零部件、网络配置、电源电池等统一标准。统一规划、采购、维护等。
- 模块化。采用预制模块化设备及组件，前期铺建成本可控，后期灵活搭积木加装复杂组件。
- 杆体升级改造。原有杆体、舱体、设备、传感设施利旧升级或改造复用，一杆多挂。
- 设备升级。选择低功耗、功能集约的传感设备，采用太阳能、蓄电池等，减少有源设备。
- 网络优化与应用新技术。极简网络架构优化建网、维护成本，5G/无线网络传输，无源全光网代替有线网等。
- 增值服务。以租代建，让商户参与分摊成本，通过开展信息发布和商业增值服务反哺。
- 人员提效降本。通过智能运维平台及人员技能培训提升人员效率，降低人工成本。

经过统计分析，降低感知网络体系建设成本TOP3关键模式是共建共享类、标准统一类、杆体升级改造类等，各类方式推荐占比如图5所示。

2. 降低感知网络体系建设成本精彩观点摘录

参与者一：从技术来讲，多功能智能杆要充分尊重并考虑其他各类合杆设备的技术要求，为合杆设备提供一体化集成并协同工作的环境。而为了解决建设时序不同步问题，已建成杆必须具备可搭载、可装配功能，为将来的合杆设备预留重力承载负荷、电力负荷、网络接口等功能，这就需要在杆件的埋地基础尺寸、杆件材料、内部结构构件、电力负荷

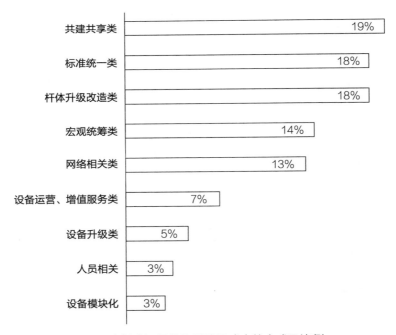

图5 降低感知网络体系建设成本的方式及比例

以及通信管道预留等方面形成一套技术标准。另外，从推动实施来讲，依靠政府行政的力量整合管理资源后，必须要利用市场的力量整合立杆需求，才能解决各管理主体与权属单位利益协调问题，低成本推动多功能智能杆建设。共建共享、标准统一。

参与者二：主要是统一标准、共建共享、集约建设。感知网络体系的基础设施可由行业主管部门或是具备能力的企业牵头统一建设，为各类感知应用场景提供基础性服务，比如多功能智能杆/综合杆设施（杆、箱、管、井等）、管理平台。各行业应用的感知设施可由相关部门或企业，基于上述基础设施按照统一的标准开展建设，相关数据互联互通、共享。

参与者三：①多功能设计，尽量实现一杆多用的设计目的，节约基础设施的建设成本以及土地资源的占用。②标准化设计，各个传感器之间多运用标准件，零件之间可以互通互换，可以进行大规模生产，节约设计维护成本，尽量避免定制。③打造合理的行业生态，减少资源浪费，例如传感器种类能根据不同任务环境需求进行更换，更新迭代后能否适用等。

参与者四：①光进铜退，无源全光网络替代有线网络，光纤在带宽、距离、可靠性和寿命方面相对网线来说有比较明显的优势，实现绿色环保，降低综合建设成本；②功能集约，边端设备智能化提升，功能集约，比如摄像机支持多种算法，实现设备共享复用，边缘节点实现算力，物联管理等多功能模块集约协调；③预置模块，通过预置模块，降低施工成本和周期，如预置光储一体模块、物联感知模块等。

参与者五：各种感知设备具有一致的电源、数据传输等接口，相同功能的设备接口一致，比如统一的供电电源电压与接口、一样的弱电接插件，不同品牌的接口都一致，这样可以方便替换，以及一样的安装方式和固定方式；要求能够软硬件解耦，前端设备型号和后台运行平台之间解耦，实现软硬分家，降低对某一设备、平台的依赖性；设备都支持通过远端进行调试、升级，尽可能减少到现场的频次和时长。

参与者六：一是合理选择公用感知网络。围绕智慧城市需求，在政务感知网络不能满足需求时，各部门可根据业务应用需求，合理选择公用感知网络进行数据传输。视频监控、远程医疗、自动驾驶等高速业务场景宜选用光纤宽带固网、5G等高速率网络进行传输；可穿戴设备、POS机、电梯监控、物流等中低速业务场景宜选用Cat1等中速率网络进行传输；电表、智能停车、市政设施等低速窄带业务场景，宜选用NB-IoT等低速率网络进行传输。二是统筹推进感知载体建设。统筹规划城市感知载体节点，推进感知设备集约部署，实现"多杆合一"。各类感知载体建设管理部门要充分梳理感知载体现状，明确路灯杆、交通设施杆等感知载体通电通网情况、搭载感知设备情况等，梳理形成全市感知载体部署节点图。

参与者七：①合理布局，通过合理布放传感器，争取让每一个传感器都能发挥最大的作用，这样不但能使每一个传感器发挥最大的价值，还能减少传感器的数量，从而降低感知网络体系建设成本；②合理进行多功能智能杆的选址，多功能智能杆最好选在距离电源、传输线路较近的地点，减少布线带来的成本。

Q5：建设一个敏捷的智慧城市感知网络体系，关键要素是什么？

1. 调研结果及主流观点

参与者对建设一个敏捷的智慧城市感知网络体系关键要素的认识比较发散，关键词用语也常为不同，通过转换归并，大致可分为政策/组织/管理行为、配套技术支撑、数据、网络传输与覆盖、建设标准与规范、感知、统一平台管理、智能化及高效运维、应用场景创新及需求驱动等几类关键要素。其中政策/组织/管理行为包括政策法规与基金支持、多部门协同、简化管理体系等多个关键词；配套技术支持包括稳定可靠的网络及供电环境、强大的后台算力等关键词；数据包括感知数据精准有效采集、传输与分析处理能力、共享开放程度等关键词；网络传输与覆盖包括大带宽、低时延、高可靠回传、全域覆盖等关键词；建设标准与规范包括标准规范体系、信息安全体系、统一接口标准等关键词；感知包括种类丰富、感知准确灵敏、统筹管理及建设部署等关键词。

通过关键词归并统计分析，各要素占比如图6所示，其中TOP3的要素是政策/组织/管理行为：政策法规与基金支持、多部门协调、简化管理体系等；配套技术支撑：稳定可靠的网络及供电环境、强大的后台算力；数据：感知数据精准有效采集、传输与分析处理能力、共享开放程度等三类。

2. 建设敏捷智慧城市感知网络体系关键要素精彩观点摘录

参与者一：我认为首先是观念上的认知，最关键要素是要让城市管理者感知到智慧城市的魅力和威力，能为市民提供实实在在切实感知到的满意服务，从而有动力推动智慧城

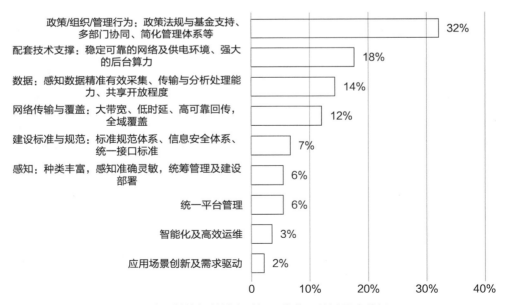

图6　建设敏捷智慧城市感知网络体系关键要素分析

市感知网络的建设和运维，不断提升城市服务能力，增强城市吸引力，让上级满意，让市民满意。其次是智慧城市感知网络体系的规划要到位，聚焦城市薄弱环节，利用有效也有限的资源，集中力量攻克难关，有效提升服务和管理水平，从而带动更多应用。

参与者二：第一是政府主导；第二是各专业壁垒要打开；第三是需求调研要准确，定位要满足需求；第四是传感器采集数据要准确全面，杆体配套要稳定；第五是后台大数据分析要完备、准确；第六是后台监控要有专业、统一的部署，问题要及时传递；第七是后继的维保要有统一安排，避免问题出现无法处理，各专业扯皮，最好一体化维保。

参与者三：①感知无盲点，整个感知网络末端的IoT等感知设备不应该只是点的考虑，应形成一个面的建设，如此方能判断运营过程不会因为感知设备盲点，导致判断和决策失误；②扩容无痛点，一个城市涉及交通、警务、教育、医疗、危化、安监等方方面面，智慧城市业务的建设肯定是循序渐进的，而不是一次考虑到位，后期因为业务的需要和发展，需要进行末端感知设备的类型增加、容量翻倍，都应该留足扩容余量。否则新建整套扩容体系将会是代价惨重的；③设备白盒化，感知设备分为视觉、嗅觉、听觉、触觉等多种模式，那么其孕育的各类终端厂家也是海量的，各个设备供应商之间的私有化协议、特色化功能如何做到白盒化是成功建设敏捷智慧城市感知网络体系的关键。一来降低二次开发对接成本，二来降低未来运营学习成本。

参与者四：敏捷城市感知网络体系，通过全面接入城市运行的各项数据，对大量数据进行分析和整合，全面透彻地感知城市运转，从而实现对城市的精准分析、整体研判、协同指挥，实现城市资源的汇聚共享和跨部门的协调联动，为城市高效精准管理和安全可靠运行提供支撑。关键要素除了前段设备、中段通信以及后端管理平台外，还包括：①城市全景精细呈现地理信息系统。②"神经元"系统。③多类型数据融合系统。④强大的统计分析。⑤丰富的交互查询手段。⑥可视化部署、指挥调度系统。

参与者五：一是统筹规划城市感知载体节点，推进感知设备集约部署，实现"多杆合一"。推动多功能智能杆完善升级。二是建设城市级统一的感知管理服务平台，开展感知数据的汇聚共享、共性能力支撑服务、感知数据融合分析等。政府部门做好感知数据生产系统与市级感知管理服务平台的对接工作，实现感知数据"上链"共享，核心数据汇聚、全量数据汇通，逐步建立城市一体的感知"数联"协同共享体系，推进感知数据共享共用，辅助城市管理和决策。

参与者六：我认为建设一个敏捷的智慧城市感知系统，最关键的要素有三个方面：一是强大的后台计算能力，能够对前端感知设备获取的信息进行快速分析；二是要有一张大带宽、低时延、高可靠的回传网络，让各种信息能够及时有效地回传到大数据分析平台；三是要有一个行之有效的智能感知终端管控系统，能够第一时间掌控这些终端的运行情况，如果出现异常第一时间进行维护。

Q6：如何对多功能智能杆上的多种前端感知设备做到快速接入、即插即用，并实现接口统一？

1. 调研结果及主流观点

绝大部分参与者都认为前端感知设备首先应做到硬件标准化，即提供统一的标准接口、接口功能多样化与接口协议自适应，以支持感知设备的即插即用与快速接入，排在统一标准分类里的首位，占比高达70%（图7）。另外，在其他建议类别之下，排在首位的是统一后端物联管理平台（图8）。

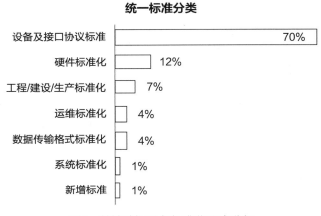

图7　前端感知设备标准化需求分析

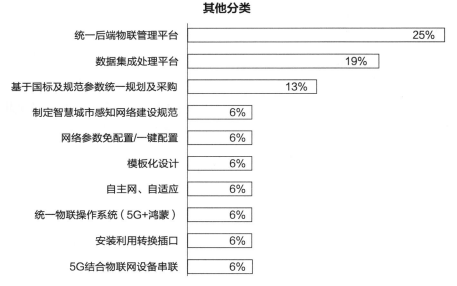

图8　软件平台及管理行为标准化需求分析

2. 关于感知网络体系标准化的精彩观点摘录

参与者一：重要的还是标准化设计，建立一个行业统一的标准，在设备生产设计的初期就将接口的设计统一起来，设备接口也要多功能化，能处理不同的信息。

参与者二：①多功能智能杆体本身要做到兼容性强、配套能力强，比如要支持多电压输出，12V、5V、24V、48V等；②各专业设备要求同存异地设计，尽量减少设备多传感识别，供电等尽量统一，接口尽量统一；③需要有大厂家集成商来完成设备统一化管理。

参与者三：目前多功能智能杆相关标准和设计规范仍不完善，现有标准主要从施工或照明的角度出发，缺乏统一接口、即插即用等针对性。多功能智能杆的系统构成复杂，涉及LED、传感器、摄像头、显示屏、充电桩、4G/5G基站、WiFi、光伏等多种硬件设备以及供电系统、网络系统等多种内部支撑系统，同时还涉及系统平台、应用程序等软件及相关数据服务，各组成部分间差异较大，并均有各自的相关标准。同时目前已发布的地方和团体标准均主要从施工或照明的角度出发，缺乏针对性。建议从信息通信领域的角度出发，牵头制定智慧灯杆的相关产品标准和规范，强调其在新型智慧城市建设以及5G和物联网深度覆盖中的快速接入、统一接口、互联互通等功能。

参与者四：①软件层面，目前"IOC决策中心—各业务系统—传输管道—感知设备"是智慧城市传统传送路径，应在复杂的业务系统与感知设备之间加多一层"业务中台"，专门进行业务硬件接口统一，当新型前端感知设备进行更新迭代，对应更丰富的接口变化，只需要在"业务中台"进行接口调整，即可抛开以往复杂的"各业务系统"配置调整；②硬件层面，借鉴互联网"智能家居"建设思维，如小米和阿里，通过提供"小爱同学"和"天猫精灵"语音免费调度入口，让小米商城、天猫商城的海量智能家居硬件供应商入围开发，经过1~3年的"白盒化"竞争，将感知设备价格整体降低，也让各个硬件供应商千方百计实现即插即用，也一致性地实现了接口统一。

参与者五：要做到多功能智能杆上的多种前端感知设备能够快速接入、即插即用，并实现接口统一，就需要政府统一规划和投资、同步建设多功能智能杆基础设施。相关投资项目应按照多功能智能杆基础设施专项规划、详细规划和年度建设计划的要求，结合智慧城市感知网络体系的需求，统筹投资、同步建设多功能智能杆专用管线、接线井、配电箱、光交箱等基础设施及预留多功能智能杆建设空间或建成多功能智能杆。

参与者六：任何一种基础设备都是需要"国标"的规范制定的，只有建立了标准的设备才能做到上面提的各个要求：①多功能杆本身提供多种标准的电压输出，为感知设备进行供电；②数据回传尽可能采用5G或者物联网的标准协议进行回传；③数据格式定义必须统一；④对感知设备的体积和重量进行最大化限制。